MUSÉE TEYLER.

CATALOGUE SYSTÉMATIQUE

DE LA

COLLECTION PALÉONTOLOGIQUE

PAR

T. C. WINKLER.

Deuxième Supplément.

HARLEM. — LES HÉRITIERS LOOSJES.
1876.

CATALOGUE SYSTÉMATIQUE

DE LA

COLLECTION PALÉONTOLOGIQUE

PAR

T. C. WINKLER

Docteur ès sciences; correspondant étranger de la Société géologique de Londres; membre de la Société hollandaise des Sciences à Haarlem; de la Société provinciale des Arts et des Sciences à Utrecht; membre correspondant honoraire de la Société des Naturalistes à Emden; membre de la Société batave de Philosophie expérimentale à Rotterdam; de la Société pour le progrès des Sciences naturelles, de la médicine et de la chirurgie à Amsterdam; membre honoraire de la Société zoologique néerlandaise à Rotterdam; membre correspondant de la Société malacologique de Belgique à Bruxelles; membre correspondant de la Société zoologique argentine à Cordoba, Rép. Argentine; membre de la Société de Littérature néerlandaise à Leiden; membre correspondant de la Société *Isis* à Dresden; membre honoraire de la Société zoologique royale *Natura Artis Magistra* à Amsterdam; conservateur au musée paléontologique Teyler.

Deuxième Supplément.

HAARLEM. — LES HÉRITIERS LOOSJES.
1876.

PÉRIODE MÉSOZOÏQUE.

Époques triasique, jurassique et crétacée.

VÉGÉTAUX.

Plantes cellulaires.

ACOTYLÉDONES.

ALGES.

FLORIDÉES.

No. 13335. **Zonarites digitatus** Brongn. *sp.*

Voyez:

Sternberg, *Flor. d. Vorw.*, T. VI, p. 34.
Brongniart, *Hist. Végét. foss.*, T. 1, p. 69, pl. 9, fig. 1.
Geinitz, *Dyas*, T. II, pl. XXVI, fig. 1—3.

du zechstein inférieur de Trebnitz, Gera........... T. 20*a*.

No. 13215. **Halymenites** *sp*.............................. A. 13.
" 13216. **Id.** .... " 13.
" 13217. **Id.** .... " 13.

Plantes vasculaires.

MONOCOTYLÉDONES.

FOUGÈRES.

No. 13337. **Cyclopteris Liebeana** Geinitz.

Voyez:

Geinitz, *Dyas*, T. II, p. 140, pl. XXVI, fig. 4—6.

du zechstein inférieur de Trebnitz, Gera.......... T. 20*a*.

No. 13338. **Fougère** *sp.* de Trebnitz..................... T. 20*a*.

DICOTYLÉDONES.

MONOCHLAMYDÉES.

CUPRESSINÉES.

No. 13321. **Ullmannia Bronni** Göpp.

Voyez :

Göppert, *Mon. der foss. conif.*, p. 185, pl. XX, fig. 1—26.
Geinitz, *Leitpflanz.*, p. 22, pl. I, fig. 5, 6.
Geinitz, *Dyas*, T. II, p. 154, pl. XXX, fig. 2a; pl. XXXI, fig. 21—30.

Feuilles
du zechstein inférieur de Trebnitz, près de Gera.... T. 20a.

" 13322. **Id.** Ib. Rameau non développé............... " 20a.
" 13323. **Id.** Ib. Ib. Ib. .... " 20a.
" 13324. **Id.** Ib. Feuilles .... " 20a.
" 13325. **Id.** Ib. .... " 20a.
" 13326. **Id.** Ib. .... " 20a.
" 13327. **Id.** Ib. .... " 20a.
" 13328. **Id.** Ib. .... " 20a.

No. 13329. **Ullmannia selaginoides** Brongn. *sp.*
Fucoïdes selaginoides Brongn.

Voyez :

Brongniart, *Vég. foss.*, T. I, p. 73, pl. IX, fig. 2.
Geinitz, *Leitpflanzen*, p. 23.
Geinitz, *Dyas*, T. II, p. 155, pl. XXXI, fig. 17—20; pl. XXXII.

du zechstein inférieur de Trebnitz, près de Gera.... T. 20a.

" 13330. **Id.** Ib. .... " 20a.

No. 13331. **Ullmannia** *sp.* Trebnitz........................ " 20a.

No. 13332. **Noeggerathia Ludwigiana** Gein.

Voyez :

Geinitz, *Dyas*, T. II, p. 153, pl. XXXV, fig. 3, 4.
du zechstein inférieur de Trebnitz, Gera........... T. 20a.

No. 13333. **Cyclocarpon Eiselianus** Gein.

Voyez :

Geinitz, *Dyas*, T. II, p. 151, pl. XXXIV, fig. 9—12.
du zechstein inférieur de Trebnitz, Gera........... T. 20a.

No. 13334. **Picoites orobiformis** Schloth. *sp.*
Carpolithes orobiformis Schloth.

Voyez :

Schlotheim, *Petref.*, p. 419, pl. XXVII, fig. 2.
Geinitz, *Dyas*, T. II, p. 157, pl. XXXIII, fig. 2, 3.
du zechstein inférieur de Trebnitz................ T. 20a.

No. 13336. **Cardiacarpon triangulare?** Gein.
du zechstein inférieur de Trebnitz......... ...... T. 20a.

ANIMAUX.

Zoophytes ou Rayonnés.

SPONGIAIRES, AMORPHOZOAIRES.

PÉTROSPONGIDES.

No. 13339. **Spongia Eiseliana** Gein.

Voyez:

Geinitz, *Dyas*, T. 1, p. 123, pl. XX, fig. 40, 41.

du zechstein moyen de Türkenmühle, Gera........ T. 20*a*.

No. 13340. **Spongia Schubarthi** Gein.

Voyez:

Geinitz, *Dyas*, T. I, p. 123, pl. XX, fig. 42—44.

du zechstein moyen de Poesneck, Gera........... T. 20*a*.

FORAMINIFÈRES.

HÉLICOSTÈGUES.

NAUTILOÏDES.

No. 13355. **Nodosaria Geinitzi** Reuss.

Voyez:

Reuss < *Jahresb. Wetterau Gesellsch.*, p. 77, fig. 12.
Richter < *Zeitsch. Deutsch. geol. Gesellsch.*, T. VII, p. 532, pl. XXVI, fig. 26.
Geinitz, *Dyas*, T. 1, p. 121, pl. XX, fig. 28.

du zechstein inférieur de Gera.................... T. 20*a*.

" 13356. **Id.** Ib. .... " 20*a*.

" 13357. **Id.** Ib. .... " 20*a*.

No. 13358. **Nodosaria Kingi** Richter, p. 53*a*.

Voyez:

Richter < *Zeitsch. Deutsch. geol. Gesellsch.*, T. VII, p. 532.
Geinitz, *Dyas*, T. I, p. 121, pl. XX, fig. 29.

du zechstein inférieur de Trebnitz................ T. 20*a*.

No. 13359. **Nodosaria Jonesi** Richter.

Voyez:

Richter < *Zeitsch. Deutsch. geol. Gesellsch.*, T. VII, p. 532.
Geinitz, *Dyas*, T. I, p. 121, pl. XX, fig. 31.

du zechstein inférieur de Trebnitz................ T. 20*a*.

No. 13360. **Nodosaria Kirkbyi** Richter.

Voyez:

Richter < *Zeitsch. Deutsch. geol. Gesellsch.*, T. VII, p. 532.
Geinitz, *Dyas*, T. I, p. 121, pl. XX, fig. 30.

du zechstein inférieur de Trebnitz................ T. 20*a*.

No. 13361. **Nodosaria duplicans** RICHTER.

Voyez:

RICHTER < *Zeitsch. Deutsch. geol. Gesellsch.*, T. VII, p. 532.
GEINITZ, *Dyas*, T. I, p. 120, pl. XX, fig. 26.
du zechstein inférieur de Trebnitz.................. T. 20*a*.

No. 13364. **Dentalina permiana** JONES.

Voyez:

JONES < KING, *Mon. Perm. foss.*, p. 17, pl. VI, fig. 1.
GEINITZ, *Dyas*, T. I, p. 121, pl. XX, fig. 32.
du zechstein inférieur de Trebnitz.................. T. 20*a*.

No. 13365. **Textularia multilocularis** REUSS.

Voyez:

GEINITZ, *Dyas*, T. I, p. 122, pl. XX, fig. 38.
du zechstein inférieur de Trebnitz.................. T. 20*a*.

POLYPES.

ZOANTHAIRES APORES.

TURBINOLIDES.

No. 13366. **Stenopora columnaris** SCHLOTH. *sp.*

Coralliolites columnaris SCHLOTH.

Voyez:

SCHLOTHEIM < LEONHARDS, *Taschenb.*, T. VII, p. 59.
GEINITZ, *Dyas*, T. I, p. 113, pl. XXI.
du zechstein inférieur de Trebnitz.................. T. 20*a*.

" 13367. **Id.** Ib. .... " 20*a*.
" 13368. **Id.** Ib. de Röpsen .... " 20*a*.
" 13369. **Id.** de Könitz, Saalfeld .... " 20*a*.
" 13373. **Id.** Ib. de Poesneck.................. " 20*a*.
" 13374. **Id.** de Trebnitz.................. " 20*a*.
" 13375. **Id.** Ib. .... " 20*a*.
" 13376. **Id.** de Zaufensgraben.................. " 20*a*.
" 13377. **Id.** Ib. .... " 20*a*.

No. 13370. **Dingeria depressa** GEIN.

Voyez:

GEINITZ, *Dyas*, T. I, p. 111, pl. XX, fig. 18—22.
du zechstein inférieur de Zaufensgraben .... T. 20*a*.

" 13371. **Id.** Ib. de Zschippern.................. " 20*a*.
" 13372. **Id.** Ib. .... " 20*a*

No. 13580. **Polypaire?** du zechstein de Roschitz, Gera....... T. 20*a*.

ÉCHINODERMES.

CRINOÏDES.

PYCNOCRINIDÉES.

No. 13218. **Pentacrinus briareus** MILL. de Holzmaden...... A. 6.
Voyez page 185.
" 13219. **Id.** de Lyme Regis.......................... " 6.
" 13220. **Id.** Ib. .... " 6.
" 13282. **Id.** de Holzmaden .... " 6.
" 13279. **Id.** Ib. .... " 6.

No. 13378. **Cyathocrinus ramosus** SCHLOTH. *sp.*
Encrinites ramosus SCHLOTH.
Cyathocrinus planus SEDGW.
Voyez:
SCHLOTHEIM < *Denkschr. Ak. Wiss. Munch.*, p. 20, pl. II, fig. 8; pl. III, fig. 9—13, 15.
SEDGWICK < *Trans. geol. Soc.*, T. III, p. 120.
GEINITZ, *Dyas*, T. I, p. 109, pl. XX, fig. 10—14.
du zechstein moyen de Poesneck................ T. 20*a*.
" 13379. **Id.** Ib. .... " 20*a*.
" 13380. **Id.** Ib. .... " 20*a*.
" 13381. **Id.** de Roschitz, Gera........................ " 20*a*.
" 13382. **Id.** de Poesneck........................... " 20*a*.

ÉCHINIDES.

CIDARIDES.

No. 13383. **Eocidaris** *sp.*
du zechstein moyen de Poesneck................ T. 20*a*.

Mollusques.

BRYOZOAIRES.

CENTRIFUGINÉS.

TUBULIPORIDES.

No. 13341. **Fenestella Geinitzi** D'ORB.
Gorgonia antiqua GOLDF.
Voyez:
D'ORBIGNY, *Prodr.*, T. I, p. 168.
GOLDFUSS, *Petr. Germ.*, T. I, p. 99.
GEINITZ, *Dyas*, T. I, p. 116, pl. XXII, fig. 2.
du zechstein inférieur de Trebnitz, Gera.......... T. 20*a*.
" 13342. **Id.** Ib. .... " 20*a*.

No. 13343. **Fenestella Geinitzi** de Zschippern .... T. 20*a*.
» 13344. **Id.** de Zaufensgraben, Gera..................... » 20*a*.

No. 13345. **Fenestella retiformis** Schloth. *sp.*
Keratophytes retiformis Schloth.
Gorgonia infundibuliformis Goldf.
Retepora flustrzcea Phill.
Voyez:
Schlotheim < *Denkschr. Ak. d. Wiss. Münch.*, p. 17, pl. I, fig. 1, 2.
Goldfuss, *Petref. Germ.*, T. 1, p. 20, 98, pl. 10, fig. 1*a*; pl. XXXVI, fig. 2*b*, *c*.
Phillips < *Trans. geol. Soc.*, T. III, part. I, p. 120, pl. XII, fig. 8.
Geinitz, *Dyas*, T. 1, p. 116, pl. XXII, fig. 1.
du zechstein moyen de Poesneck.................. T. 20*a*.
» 13346. **Id.** Ib. .... » 20*a*.
» 13347. **Id.** de Oppurg .... » 20*a*.
» 13348. **Id.** de Poesneck.............................. » 20*a*.
» 13349. **Id.** Ib. .... » 20*a*.

No. 13350. **Acanthocladia dubia** Schloth. *sp.*
Keratophytes dubius Schloth.
Gorgonia dubia Goldf.
Penniretipora dubia D'Orb.
Ichthyorachis dubius King.
Voyez:
Schlotheim, *Petr.*, p. 340.
Goldfuss, *Petr. Germ.*, T. I, p. 18, pl. VII, fig. 1.
D'Orbigny, *Prodrom.*, T. 1, p. 169.
King, *Hist. Acc. Invert.*, p. 6.
Geinitz, *Dyas*, T. I, p. 119, pl. XXII, fig. 5, 6.
du zechstein moyen de Poesneck, Gera........... T. 20*a*.
» 13351. **Id.** de Rostritz, Gera .... » 20*a*.
» 13352. **Id.** de Poesneck.............................. » 20*a*.

No. 13353. **Acanthocladia anceps** Schloth. *sp.*
Keratophytes anceps Schloth.
Gorgonia anceps Goldf.
Eschara Philippi Althaus.
Voyez:
Schlotheim, *Petref.*, p. 341.
Goldfuss, *Petref. Germ.*, T. I, p. 98, pl. XXXVI, fig. 1.
Munster, *Beiträge*, T. V, p. 52.
Geinitz, *Dyas*, T. 1, p. 119, pl. XXII, fig. 7, 8.
du zechstein inférieur de Trebnitz, Gera.......... T. 20*a*.
» 13354. **Id.** de Poesneck.............................. » 20*a*.

No. 13362. **Phyllopora Ehrenbergi** GEIN.
Gorgonia Ehrenbergi GEIN.
Retepora Lonsdalei HOWSE.
Voyez:
GEINITZ, *Dyas*, T. I, p. 117.
GEINITZ, *Grundriss d. Verst.*, p. 565, pl. XXIIIa, fig. 12.
HOWSE, *Notes on the Perm. Syst.*, T. I, part. III, p. 263.
du zechstein inférieur de Gera.................... T. 20a.

„ 13363. Id. Ib. de Poesneck.............. „ 20a.

BRACHIOPODES RÉGULIERS.

CRANIDES.

No. 13384. **Discina Konincki** GEIN.
Orbicula Konincki GEIN.
Orbiculoidea Konincki D'ORB.
Discina speluncaria KING.
Voyez:
GEINITZ, *Dyas*, T. I, p. 106, pl. XV, fig. 8—11.
GEINITZ, *Grundriss d. Verst.*, p. 495.
D'ORBIGNY, *Prodrom.*, T. I, p. 168.
KING, *Mon. Perm. foss.*, p. 85, pl. VI, fig. 28, 29.
du zechstein inférieur de Röpsen, Gera........... T. 20a.

No. 13385. **Crania Schaurothi** GEIN.
Chonioporia radiata SCHAUROTH.
Voyez:
GEINITZ, *Dyas*, T. I, p. 107, pl. XX, fig. 1—4.
SCHAUROTH < *Zeitsch. Deutsch. geol. Gesellsch.*, T. VI, p. 546, pl. XX, fig. 7.
du zechstein inférieur de Trebnitz................ T. 20a.

LINGULIDES.

No. 13386. **Lingula Credneri** GEIN.
Lingula mytiloides VERNEUIL.
Voyez:
GEINITZ, *Dyas*, T. I, p. 106, pl. VIII, fig. 1; pl. XV, fig. 12, 13.
DE VERNEUIL < *Bull. Soc. géol. de France*, T. I, p. 30.
HOWSE < *Trans. Tynes Nat.*, T. I, part. III, p. 250.
du zechstein inférieur de Trebnitz, Gera.......... T. 20a.

SPIRIFÉRIDES.

No. 13397. **Spirifer alatus** Schloth. *sp.*
Terebratulites alatus Schloth.
Spirifer undulatus Sow.
Spirifera alata Davidson.
Voyez:
Schlotheim < Leonhards *Taschenb.*, T. VII, p. 58, pl. II, fig. 1—3.
Sowerby, *Min. Conch.*, T. VI, p. 119, pl. CCCCCLXII, fig. 1.
Davidson < *Bull. Soc. Lin. de Normandie*, T. II, fig. 9, 10.
Davidson, *Mon. Brit. Perm. Brach.*, T. IV, p. 18, pl. 1, fig. 23—36; pl. II, fig. 1.
Geinitz, *Dyas*, T. I, p. 87, pl. XVI, fig. 1—7.
du zechstein inférieur de Trebnitz, Gera.......... T. 20*a*.

„ 13398. **Id.** Ib. de Roschitz................ „ 20*a*.
„ 13399. **Id.** Ib. Ib. .... „ 20*a*.
„ 13400. **Id.** Ib. de Trebnitz................ „ 20*a*.

No. 13401. **Spirifer Clannyanus** King.
Martinia Clannyana King.
Thecidium productiforme Schauroth.
Spirifera Clannyana Davidson.
Voyez:
King, *Mon. Perm. foss.*, p. 134, 135, pl. X, fig. 11—17.
Schauroth < *Zeitsch. Deutsch. geol. Gesellsch.*, T. VI, p. 547, pl. XX, fig. 8.
Davidson, *Mon. Brit. Perm. Brach.*, T. IV, p. XV, pl. I, fig. 47—49.
Geinitz, *Dyas*, T. I, p. 91, pl. XVI, fig. 19—25.
du zechstein moyen de Poesneck................. T. 20*a*.

„ 13402. **Id.** Ib. .... „ 10*a*.

TÉRÉBRATULIDES.

No. 13403. **Orthis pelargonata** Schloth. *sp.*
Terebratulites pelargonata Schloth.
Orthis Laspii v. Buch.
Streptorhynchus pelargonatus King.
Orthisina pelargonata Howse.
Voyez:
Schlotheim < *Denkschr. Ak. Wiss. Munchen*, p. 28, pl. VIII, fig. 21—24.
v. Buch, *Delthyr.*, p. 62.
King, *Mon. Perm. foss.*, p. 108, pl. X, fig. 18—28.
Howse, *Notes on the Perm. Syst.*, p. 22.
Geinitz, *Dyas*, T. 1. p. 92, pl. XVI, fig. 26—34.
du zechstein inférieur de Gera.................. T. 20*a*.

„ 13404. **Id.** Ib. .... „ 20*a*.

No. 13405. **Strophalosia excavata** Gein.
Orthis excavata Gein.
Productus spiniferus King.
Productus Lewesianus De Kon.
Strophalosia Goldfussi King.
Strophalosia parva King.

Voyez:

Geinitz, *Dyas*, T. 1, p. 93, pl. XVII, fig. 1—19.
Geinitz < *Jahrb.*, p. 578, pl. X, fig. 12, 13.
King < *Bull. Soc. géol. de France*, T. I, p. 30.
De Koninck, *Recherch. Anim. foss.*, T. I, p. 150, pl. XV, fig. 5.
King, *Notes on Perm. foss.*, p. 6.

du zechstein inférieur de Gera.................. T. 20*a*.
" 13406. **Id.** de Poesneck............... " 20*a*.
" 13407. **Id.** Ib. .... " 20*a*.

No. 13408. **Strophalosia Goldfussi** Munster *sp.*
Spondylus Goldfussii Munst.
Productus Goldfussii De Kon.
Orthothrix Goldfussii Gein.

Voyez:

Munster, *Beitr.*, T. I, p. 43, pl. IV, fig. 3.
De Koninck < *Mém. Soc. des Scienc. de Liége*, T. IV, p. 257, pl. XI, fig. 4; pl. XV, fig. 4.
De Koninck, *Recherch. Anim. foss.*, T. I, p. 148, pl. XI, fig. 4; pl. XV, fig. 4.
Geinitz, *Deutsch. Zechst.*, p. 14, pl. V, fig. 27—32.
Geinitz, *Dyas*, T. I, p. 96, pl. XVII, fig. 21—29.

du zechstein inférieur de Trebnitz................ T. 20*a*.
" 13409. **Id.** Ib. .... " 20*a*.
" 13410. **Id.** Ib. .... " 20*a*.

No. 13411. **Strophalosia lamellosa** Gein.
Productus horridus juv. Gein.
Orthotrix lamellosus Gein.

Voyez:

Geinitz, *Dyas*, T. I, p. 97, pl. XVIII, fig. 1—7.
Geinitz, *Grundr.*, p. 521, pl. XXII, fig. 9, 10.
Geinitz, *Deuts. Zechst.*, p. 14, pl. V, fig. 16—26.

du zechstein de Roschitz, Gera.................. T. 20*a*.
" 13412. **Id.** Ib. .... " 20*a*.
" 13413. **Id.** Ib. .... T 20*a*.
" 13414. **Id.** Ib. .... " 20*a*.

No. 13415. **Strophalosia Morrisiana** KING.
Gryphites aculeatus juv. SCHLOTH.
Productus Cancrini GEIN.
Chonetes Davidsoni SCHAUROTH.
Strophalosia lamellosa DAVIDSON.
Voyez:
KING, *Mon. perm. foss.*, p. 99, pl. XII, fig. 18—25, 29—32; pl. XI, fig. 21.
SCHLOTHEIM < *Denksch. Ak. d. Wiss. Munch.*, p. 29, pl. VIII, fig. 25 *a*, *b*.
GEINITZ < *Deutsch. Zechst.*, p. 16, pl. VI, fig. 16—19.
SCHAUROTH < *Zeitsch. Deutsch. geol. Gesellsch*, p. 221.
DAVIDSON, *Brit. Perm. Brach.*, p. 44, pl. III, fig. 24—41.
GEINITZ, *Dyas*, T. 1, p. 98, pl. XVIII, fig. 8—22.
du zechstein de Trebnitz, Gera.................. T. 20*a*.
" 13416. Id. Ib. .... " 20*a*.

No. 13417. **Strophalosia** *sp.* **(Productus latirostratus** HOWSE?)
du zechstein de Poesneck......................... T. 20*a*.

No. 13418. **Productus horridus** SOWERBY.
Gryphites aculeatus SCHLOTH.
Strophomena aculeata BRONN.
Productus aculeatus v. BUCH.
Productus horridus VERNEUIL.
Voyez:
SOWERBY, *Min. Conch.*, pl. CCCXIX, fig. 1.
SCHLOTHEIM < LEONHARDS *Taschenb.*, p. 58, pl. IV, fig. 1—8.
BRONN, *Leth. geogn.*, T. 1, p. 86, pl. III, pl. I.
v. BUCH, *Ueber Prod. od. Lept.*, p. 85, pl. II, fig. 13—15.
DE VERNEUIL < *Bull. Soc. géol. de France*, T. 1, p. 29.
KING, *Mon. Perm. foss.*, p. 87, pl. X, fig. 29—31; pl. XI, fig. 1—7, 10—13.
DAVIDSON, *Brit. Perm. Brach.*, T. IV, p. 33, pl. IV, fig. 13—26.
HOWSE, *Notes Perm. Syst.*, p. 15.
GEINITZ, *Dyas*, T. 1, p. 103, pl. XIX, fig. 11—17; pl. XX, fig. 1.
du zechstein de Trebnitz......................... T. 20*a*.
" 13419. Id. Ib. de Poesneck......................... " 20*a*.
" 13420. Id. Ib. de Trebnitz......................... " 20*a*.
" 13421. Id. Ib. de Gera......................... " 20*a*.
" 13422. Id. Ib. Ib. .... " 20*a*.
" 13423. Id. Ib. de Trebnitz......................... " 20*a*.
" 13424. Id. Ib. Ib. .... " 20*a*.
" 13425. Id. Ib. de Roschitz......................... " 20*a*.
" 13426. Id. Ib. de Trebnitz......................... " 20*a*.

No. 13427. **Productus horridus** Sowerby, du zechstein de Trebnitz.... T. 20*a*.
" 13428. **Id.** Ib. .... " 20*a*.
" 13429. **Id.** Ib. .... " 20*a*.
" 13430. **Id.** Ib. de Schwaara, Gera..... " 20*a*.
" 13431. **Id.** Ib. de Poesneck.......... " 20*a*.

No. 13432. **Productus latirostratus** Howse.
Productus umbonillatus King.
Aulosteges umbonillatus King.
Productus latirostratus Davidson.
Voyez:
Howse, *Trans. Tynes. Nat. Field. C.*, T. I, part. III, p. 256.
Howse, *Notes on Perm. Syst.*, p. 18.
King, *Mon. Perm. foss*, p. 92, pl. XI, fig. 14—18.
King, *Notes on Perm. foss.*, p. 5, pl. XII, fig. 6.
Davidson, *Brit. Perm. Brach.*, T. IV, p. 36, pl. IV, fig. 1—12.
Geinitz, *Dyas*, T. I, p. 102, pl. XIX, fig. 7—10.
du zechstein de Poesneck.......................... T. 20*a*.
" 13433. **Id.** Ib. .... " 20*a*.

No. 13434. **Productus Geinitzianus** Kon.
Voyez:
De Koninck < *Mém. Soc. Scienc. Liége*, T. IV, p. 264, pl. XV, fig. 3.
King, *Notes on Perm. foss*, p. 8, pl. XII, fig. 1, 2.
Geinitz, *Dyas*, T. I, p. 105, pl. XIX, fig. 18—21.
du zechstein de Trebnitz.......................... T. 20*a*.
" 13435. **Id.** Ib. .... " 20*a*.

No. 13387. **Terebratula elongata** Schloth.
Terebratulites elongatus Schloth.
Terebratulites complanatus Schloth.
Terebratulites latus Schloth.
Terebratulites sufflatus Schloth.
Epithyris elongata King.
Epithyris sufflata King.
Dielasma sufflata King.
Dielasma elongata King.
Voyez:
v. Schlotheim < *Denksch. k. Ak. d. Wiss. Munch.*, p. 27, pl. VII, fig. 7—14.
King, *Mon. Perm. foss.*, p. 147, 149, pl. VI, fig. 30—45; pl. VII, fig. 1—9.
King, *Hist. Acc. Invert.*, p. 7.
Geinitz, *Dyas*, T. I, p. 82, pl. XV, fig. 14—28.
du zechstein moyen de Poesneck.................. T. 20*a*.
" 13388. **Id.** Ib. de Trebnitz.................. " 20*a*.
" 13389. **Id.** Ib. de Nordhausen................ " 20*a*.
" 13390. **Id.** Ib. de Roschitz.................. " 20*a*.

No. 13391. **Camarophoria Schlotheimi** v. Buch.
Terebratulites lacunosus var. Schloth.
Terebratula Schlotheimi v. Buch.
Terebratulites superstes Verneuil.
Terebratulites Humblotonensis Howse.
Atrypa superstes D'Orb.
Camarophoria Schlotheimi Davidson.

Voyez:
v. Buch, *Terebrat.*, p. 39, pl. II, fig. 32.
Schlotheim < *Denksch. k. Ak. d. Wiss. Munch.*, p. 28, pl. VIII, fig. 15—20.
De Verneuil < *Bull. Soc. géol. de France*, T. 1, p. 27.
Howse < *Trans. Tynes Nat. Field. Cl.*, T. 1, p. 252, 253.
D'Orbigny, *Prodrom.*, T. I, p. 168.
Davidson < *Bull. Soc. Linn. Norm.*, T. II, p. 9, pl. II, fig. 1—3.
Geinitz, *Dyas*, T. 1, p. 84, pl. XV, fig. 33—34.
du zechstein moyen de Poesneck.................. T. 20*a*.

" 13392. **Id.** Ib. .... " 20*a*.
" 13393. **Id.** de Trebnitz, Gera.......................... " 20*a*.
" 13394. **Id.** Ib. .... " 20*a*.
" 13395. **Id.** de Poesneck................................ " 20*a*.
" 13396. **Id.** Ib. .... " 20*a*.

ACÉPHALES.

PLEUROCONQUES.

PECTINIDES.

No. 13436. **Pecten pusillus** Schloth.
Discites pusillus Schloth.
Pleuronectites pusillus Schloth.
Lima discites pusilla Quenst.

Voyez:
Schlotheim < *Denksch. k. Ak. d. Wiss. Munch.*, p. 31, pl. VI, fig. 6.
Schlotheim, *Petref.*, p. 219.
Quenstedt < Wiegmann's *Arch.*, T. I, part. II, p. 81.
King, *Mon. Perm. foss.*, p. 153, pl. XIII, fig. 1—3.
Geinitz, *Dyas*, T. 1, p. 80, pl. XV, fig. 1.
du zechstein de Poesneck........................ T. 20*c*.

" 13437. **Id.** Ib. .... " 20*c*.

LIMIDES.

No. 13438. **Lima permiana** King.
Lima permiana var. subradiata Schauroth.

Voyez :

Schauroth < *Zeits. Deutsch. geol. Gesellsch.*, T. VI, p. 549, pl. XXI, fig. 2.
Howse, *Not. on the Perm. Syst.*, p. 28.
Geinitz, *Dyas*, T. I, p. 81, pl. XV, fig. 4—6.

du zechstein de Zaufensgraben, Gera............. T. 20c.
" 13439. **Id.** de Poesneck.... .... " 20c.

MALLÉACÉS.

No. 13440. **Gervillia antiqua** Münst.
Avicula antiqua Münst.
Avicula inflata Brown.
Avicula Binneyi Brown.
Avicula discors Brown.
Avicula antiqua Howse.
Bakevellia antiqua King.
Bakevellia tumida King.
Bakevellia antiqua Schaur.
Bakevellia ceratophaga Schaur.
Avicula inflata Howse.

Voyez :

Munster < Goldfuss, *Petr. Germ.*, T. II, p. 126' pl. CXVI, fig. 7.
Brown < *Trans. geol. Soc. Manch.*, T. I, p. 65, pl. VI, fig. 25—28.
Howse < *Trans. Tynes Nat. Field. Cl.*, T. I, part. III, p. 249, 250.
King, *Mon. perm. foss.*, p. 168, 170, pl. XIV, fig. 28—37.
Schauroth < *Sitz. k. Ak. d. Wiss. Wien*, T. XI, fig. 2.
Schauroth < *Zeitsch. Deutsch. geol. Gesellsch.*, T. VIII, p. 224.
Howse, *Not. Perm. Syst.*, p. 29.
Geinitz, *Dyas*, T. I, p. 78, pl. XIV. fig. 17—20.

du zechstein de Zschippach..................... T. 20c.
" 13441. **Id.** Ib. de Zaufensgraben, Gera.............. " 20c.
" 13442. **Id.** Ib. de Trebnitz....................... " 20c.
" 13443. **Id.** Ib. de Poesneck....................... " 20c.

No. 13444. **Gervillia ceratophaga** SCHLOTH. *sp.*
Mytalites keratophagus SCHLOTH.
Avicula keratophaga MÜNST.
Gervillia keratophaga GEIN.
Avicula keratophaga HOWSE.
Bakevellia ceratophaga KING.
Bakevellia bicarinata KING.
Gervillia ceratophaga HOWSE.

Voyez:

SCHLOTHEIM < *Denksch. Ak. d. Wiss. Munch.*, p. 30, pl. V, fig. 2.
MÜNSTER < GOLDFUSS, *Petr. Germ.*, T. II, p. 126 pl. CXVI, fig. 6.
GEINITZ, *Deutsch. Zechst.*, p. 10, pl. IV, fig. 16, 17.
HOWSE < *Trans. Tynes Nat. Field. Cl.*, T. I, part. III, p. 249.
KING, *Mon. Perm. foss.*, p. 167, 170, pl. XIV, fig. 24—27, 41—42.
HOWSE, *Notes on the Perm. Syst.*, p. 80.
GEINITZ, *Dyas*, T. I, p. 77, pl. XIV, fig. 21, 22.

du zechstein de Poesneck........................ T. 20*c*.

No. 13445. **Avicula speluncaria** SCHLOTH. *sp.*
Gryphites speluncarius SCHLOTH.
Avicula gryphaeoides SEDGWICK.
Monotis gryphaeoides HOWSE.
Monotis speluncaria KING.
Monotis radialis KING.
Monotis Garforthensis KING.

Voyez:

v. SCHLOTHEIM < *Denksch. Ak. d. Wiss. Munch.*, p. 30, pl. V, fig. 1.
SEDGWICK < *Trans. geol. Soc. Lond.*, T. III, part. 1, p. 119.
HOWSE < *Trans. Tynes Nat. Field. Cl.*, T. I, part. III, p. 249.
KING, *Mon. Perm. foss.*, p. 155, 157, pl. XIII, fig. 5—25.
GEINITZ, *Dyas*, T. I, p. 74, pl. XIV, fig. 5—7.

du zechstein de Poesneck........................ T. 20*c*.

" 13446. **Id.** Ib. de Trebnitz........................ " 20*c*.

No. 13447. **Avicula pinnaeformis** GEIN.
Pinna prisca MÜNST.
Solen pinnaeformis GEIN.
Caulerpa selaginoides KING.
Pinna prisca HOWSE.

Voyez:

MÜNSTER, *Beitr.*, T. 1, p. 45, pl. IV, fig. 4
GEINITZ, *Deutsch. Zechst.*, p. 8.
KING, *Mon. Perm. foss.*, p. 4.
HOWSE, *Notes on the Perm. Syst.*, p. 52.
GEINITZ, *Dyas*, T. 1, p. 77, pl. XIV, fig. 1—4.
du zechstein de Gera .... T. 20c.

No. 13448. **Aucella Hausmanni** GOLDF. *sp.*
Mytilus Hausmanni GOLDF.
Mytilus Hausmanni GEIN.
Mytilus acuminatus HOWSE.
Mytilus squammosus HOWSE.
Mytilus squammosus KING.
Mytilus septifer KING.
Myalina Hausmanni HOWSE.
Myalina squammosus MEEK et HAYDEN.

Voyez:

GOLDFUSS, *Petref. Germ.*, T. II, p. 168, pl. CXXXVIII, fig. 4.
GEINITZ, *Grundr. d. Verst.*, p. 453, pl. XX, fig. 16.
HOWSE < *Trans. Tynes Nat. Field. Cl.*, T. 1, part. III, p. 248.
KING, *Mon. Perm. foss.*, p. 159, 161, pl. XIV, fig. 1—13.
HOWSE, *Notes on the Perm. Syst.*, p. 81.
MEEK et HAYDEN < *Proc. Ac. of Nat. Scienc. of Philadelphia. Jan*, p. 29.
GEINITZ, *Dyas*, T. I, p. 72, pl. XIV, fig. 8—16.
du zechstein de Gera .... T. 20c.

" 13449. **Id.** Ib. .... " 20c.
" 13450. **Id.** Ib. de Barthelfeld im Harz .... " 20c.
" 13451. **Id.** Ib. de Köstritz, Gera .... " 20c.
" 13521. **Id.** Ib. de Gera .... " 20c.

ORTHOCONQUES.

INTÉGROPALLÉALES.

ARCACIDES.

No. 13452. **Leda speluncaria** GEIN.
Nucula Vinti KING.
Nucula speluncaria GEIN.
Leda Vinti HOWSE.
Leda Vinti KING.
Leda speluncaria HOWSE.

Voyez :

KING < *Bull. Soc. géol. de France*, T. I, p. 32.
GEINITZ, *Deutsch. Zechst.*, p. 9, pl. IV, fig. 6.
HOWSE < *Trans. Tynes Nat. Field. Cl.*, T. 1, part. III, p. 248.
KING, *Mon. Perm. foss.*, p. 176, pl. XV, fig. 21, 22.
HOWSE, *Notes on the Perm. Syst.*, p. 32.
GEINITZ, *Dyas*, T. 1, p. 68, pl. XIII, fig. 25—31.

du zechstein de Zaufensgraben, Gera.................. T. 20c.

" 13453. **Id.** Ib. .... " 20c.

" 13454. **Id.** Ib. de Gera.............................. " 20c.

" 13455. **Id.** Ib. .... " 20c.

No. 13456. **Edmondia elongata** HOWSE.

Edmondia Murchisoniana KING.

Voyez :

HOWSE < *Trans. Tynes Nat. Field. Cl.*, T. 1, part. III, p. 248.
KING, *Mon. Perm. foss.*, p. 165, pl. XIV, fig. 14—17.
HOWSE, *Notes on the Perm. Syst.*, p. 38, pl. XI, fig. 10—13.
GEINITZ, *Dyas*, T. 1, p. 69, pl. XII, fig. 26—28.

du zechstein de Zaufensgraben, Gera.............. T. 20c.

" 13457. **Id.** de Ranis, Poesneck.................. " 20c.

No. 13458. **Clidophorus Pallasi** VERNEUIL *sp.*

Modiola Pallasi VERN.
Mytilus Pallasi KEYSERL.
Myoconcha modioliformis HOWSE.
Cardiomorpha modioliformis KING.
Cardiomorpha Pallasi HOWSE.

Voyez :

DE VERNEUIL < *Bull. Soc. géol. de France*, T. I, p. 32.
VON KEYSERLING, *Petschoraland*, p. 251.
HOWSE < *Trans. Tynes Nat. Field. Cl.*, T. 1, part. III, p. 245.
KING, *Mon. Perm. foss.*, p. 180, pl. XIV, fig. 18—23.
HOWSE, *Notes on the Perm. Syst.*, p. 37.
GEINITZ, *Dyas*, T. I, p, 70. pl. XII, fig. 29—31.

du zechstein inférieur de Lasen, Gera.............. T. 20c.

" 13459. **Id.** Ib. de Ranis, Poesneck,.......... " 20c.

No. 13460. **Pleurophorus costatus** BROWN *sp.*

Arca costata BROWN.
Modiola costata VERNEUIL.
Cypricardia Murchisoni GEIN.
Myoconcha costata HOWSE.
Pleurophorus costatus KING.
Clidophorus costatus SCHAUR.

Voyez:

Brown < *Trans. Manch. geol. Soc.*, T. I, p. 66, pl. VI, fig. 34, 35.
De Verneuil < *Bull. Soc. géol. de France*, T. I, p. 32.
Geinitz, *Grundr. d. Verst.*, p. 434, pl. XIX, fig. 2.
Howse < *Trans. Tynes Nat. Field. Cl.*, T. I, part. III, p. 245.
King, *Mon. Perm. foss.*, p. 181, pl. XV, fig. 13—19.
Schauroth < *Zeitsch. Deutsch. geol. Gesellsch.*, T. VIII, p. 229, pl. XI, fig. 2.
Geinitz, *Dyas*, T. I, p. 71, pl. XII, fig. 32—35.

du zechstein de Gera.......................... T. 20c.

No. 13461. **Id.** Ib. .... " 20c.
" 13462. **Id.** de Zaufensgraben.................... " 20c.

No. 13463. **Nucula Beyrichi** Schauroth.
Nucula Tateiana King.
Artarte Geinitziana Liebe.

Voyez:

v. Schauroth < *Zeitsch. Deutsch. geol. Gesellsch.*, T. VI, p. 551, pl. XXI, fig. 4.
King, *Mon. Perm. foss.*, p. 175.
Liebe < *Jahrb.*, p. 773.
Geinitz, *Dyas*, T. I, p. 67, pl. XIII, fig. 22—24.

du zechstein de Lutschethal, Gera................ T. 20c.

" 13464. **Id.** Ib. de Zaufensgraben.................. " 20c.
" 13465. **Id.** Ib. de Lutschethal...................... " 20c.
" 13466. **Id.** Ib. de Lasen, Gera...................... " 20c.

No. 13467. **Arca striata** Schloth. *sp.*
Mytulites striatus Schloth.
Arca tumida Sow.
Arca antiqua Münst.
Arca Loftusiana Howse.
Byssoarca striata King.
Byssoarca tumida King.
Macrodon striata Howse.
Macrodon striatus King.
Macrodon tumidus King.

Voyez:

Schlotheim < *Denksch. Ak. d. Wiss. Munch.*, p. 31, pl. VI, fig. 3.
Sowerby, *Min. Conch.*, pl. CCCCLXXIV, fig. 4.
Münster < Goldfuss, *Petr. Germ.*, T. II, p. 145, pl. CXXII, fig. 8.
Howse < *Trans. Tynes Nat. Field. Cl.*, T. I, part. III, p. 246, 247.
King, *Mon. Perm. foss.*, p. 172, 173, pl. XV, fig. 1—9.

HOWSE, *Notes on the Perm. Syst.*, p. 32.
KING, *Hist. Acc. Invert.*, p. 8.
GEINITZ, *Dyas*, T. I, p. 66, pl. XIII, fig. 33, 34.
du zechstein de Lutschethal, Gera.................. T. 20c.
No. 13468. **Id.** Ib. de Tinz, Gera .... " 20c.
" 13469. **Id.** Ib. de Ranis, Poesneck .... " 20c.

TRIGONIDES.

No. 13470. **Schizodus truncatus** KING.
Axinus truncatus KING.
Schizodus rossicus VERN.
Schizodus Schlotheimi GEIN.
Myophoria truncata SCHAUR.
Schizodus dubius SCHAUR.
Axinus dubius HOWSE.
Voyez:
KING < *Bull. Soc. géol. de France*, T. 1, p. 31.
DE VERNEUIL, *Russia and Ural Mount.*, T. II, p. 309, pl. XIX, fig. 7, 8.
GEINITZ, *Deutsch. Zechst.*, p. 9, pl. III, fig. 33.
v. SCHAUROTH < *Zeitsch. Deutsch. geol. Gesellsch.*, T. VIII. p. 231.
HOWSE, *Notes on the Perm. Syst.*, p. 11, 34.
GEINITZ, *Dyas*, T. I, p. 63, pl. XIII, fig. 1—6.
du zechstein de Lasen, Gera...................... T. 20c.
" 13471. **Id.** Ib. de Poesneck.......................... " 20c.

No. 13472. **Schizodus Schlotheimi** GEIN.
Cucullaea Schlotheimi GEIN.
Axinus Schlotheimi VERN.
Corbula Schlotheimi GEIN.
Schizodus Schlotheimi GEIN.
Lyonsia dubia D'ORB.
Schizodus obscurus RÖM.
Schizodus Schlotheimi KING.
Axinus dubius HOWSE.
Voyez:
GEINITZ, *Dyas*, T. I, p. 64, pl. XIII, fig. 7—12.
GEINITZ, *Mitth. a. d. Osterlande*, T. V, p. 71.
GEINITZ < *Jahrb.*, p. 688, pl. XI, fig. 6.
DE VERNEUIL < *Bull. Soc. géol. de France*, T. 1, p. 31
GEINITZ, *Grundr. d. Verst.*, p. 414, pl. XIX, fig. 12.
GEINITZ, *Deutsch. Zechst.*, p. 8, pl. III, fig. 23—32.
D'ORBIGNY, *Prodrom.*, T. 1, p. 164.

RÖMER < BRONN, *Leth. geogn.*, T. III, part. II, p. 413.
KING < *Journ. geol. Soc. Dublin*, T. VII, part. II, p. 10.
HOWSE, *Notes on the Perm. Syst.*, p. 11, 34.

du zechstein de Zschippach, Gera .... T. 20c.

No. 13473. **Id.** Ib. .... " 20c.

" 13474. **Id.** Ib. .... " 20c.

No. 13475. **Schizodus obscurus** Sow.

Axinus obscurus Sow.
Axinus obscurus HOWSE.
Myophoria obscura SCHAUR.
Schizodus dubius SCHAUR.
Axinus dubius HOWSE.

Voyez:

SOWERBY, *Min. Conch.*, pl. CCCXIV.
HOWSE < *Trans. Tynes Nat. Field. Cl.*, T. I, part. III, p. 246.
v. SCHAUROTH < *Zeitsch. Deutsch. geol. Gesellsch.*, T. VI, p. 567.
v. SCHAUROTH < *Zeitsch. Deutsch. geol. Gesellsch.*, T. VIII, p. 231.
HOWSE, *Notes on the Perm. Syst.*, p. 11, 34.
GEINITZ, *Dyas*, T. I, p. 65, pl. XIII, fig. 13—21.

du zechstein de Zaufensgraben, Gera .... T. 20c.

SINUPALLÉALES.

ANATINIDES.

No. 13476. **Solemya biarmica** DE VERNEUIL.

Periploma biarmica D'ORB.
Lyonsia biarmica D'ORB.
Solenomya Philipsiana SCHAUR.
Solenomya abnormis HOWSE.
Solenomya biarmica HOWSE.

Voyez:

GEINITZ, *Dyas*, T. I, p. 60, pl. XII, fig. 18, 19.
D'ORBIGNY, *Prodrom.*, T. I, p. 164.
v. SCHAUROTH < *Zeitsch. Deutsch. geol. Gesellsch.*, T. VI, p. 553, pl. XXI, fig. 5.
HOWSE < *Ann. and Mag. Nat. Hist.*, p. 26, pl. IV, fig. 8, 9.
HOWSE, *Notes on the Perm. Syst*, p. 34, pl. XI, fig. 8, 9.

du zechstein de Lutschethal, Zschippern .... T. 20c.

GASTÉROPODES.

DENTALIDES.

No. 13477. **Dentalium Speyeri** GEIN.
Dentalium Sorbii SCHAUR.
Dentalium Speyeri HOWSE.
Voyez:
GEINITZ, *Dyas*, T. I, p. 57, pl. XII, fig. 11—13.
GEINITZ < *Jahresb. Wetterau Gesellsch.*, 1850/51, p. 198.
v. SCHAUROTH < *Sitzungsb. Ak. d. Wiss. Wien.*, T. XI.
HOWSE, *Notes on the Perm. Syst.*, p. 50.
du zechstein de Laseu, Gera .... T. 20*c*.

No. 13478. **Chitonellus** *sp. nov.*
du zechstein inférieur de Lutschethal .... T. 20*c*.

PECTINIBRANCHES.

HALIOTIDES.

No. 13479. **Pleurotomaria Verneuili** GEIN.
Pleurotomaria nodulosa HOWSE.
Pleurotomaria Verneuili DE KON.
Pleurotomaria Verneuili HOWSE.
Voyez:
GEINITZ, *Deutsch. Zechst.*, p. 7, pl. III, fig. 18.
HOWSE < *Trans. Tynes Nat. Field. Cl.*, T. I, part. III, p. 238.
DE KONINCK, *Foss. de Spitzberg.* < *Acc. royal. de Belgique*, T. XVI, p. 13, fig. 8.
HOWSE, *Notes on the Perm. Syst.*, p. 49.
GEINITZ, *Dyas*, T. I, p. 52, pl. XII, fig. 7—10.
du zechstein de Trebnitz, Gera .... T. 20*c*.

No. 13480. **Pleurotomaria antrina** SCHLOTH. *sp.*
Trochilites antrinus SCHLOTH.
Pleurotomaria antrina GEIN.
Pleurotomaria Sedgwickii HOWSE.
Pleurotomaria ampullosa HOWSE.
Pleurotomaria permiana KING.
Pleurotomaria tunstallensis KING.
Pleurotomaria antrina KING.
Pleurotomaria antrina HOWSE.

Voyez:

v. SCHLOTHEIM < *Denksch. Ak. d. Wiss. Munch.*, p. 32, pl. VII, fig. 6.
GEINITZ, *Deutsch. Zechst.*, p. 7, pl. III, fig. 19.
HOWSE < *Trans. Tynes Nat. Field. Cl.*, T. I, part. III, p. 238, 239.
KING, *Catalog*, p. 13, 14.
KING, *Mon. Perm. foss.*, p. 215, 216, pl. XVII, fig. 1—6.
HOWSE, *Notes on the Perm. Syst.*, p. 49, pl. II, fig. 21—25.
GEINITZ, *Dyas*, T. I, p. 51.

du zechstein de Gera .... T. 20c.

No. 13481. **Id.** de Lutzschethal .... » 20c.
» 13482. **Id.** de Poesneck .... » 20c.

No. 13483. **Straparolus permianus** KING.
Euomphalus permianus KING.
Rissoa permiana SCHAUR.
Littorina hercynica HOWSE.

Voyez:

KING, *Hist. Acc.*, p. 8.
KING, *Mon. Perm. foss.*, p. 211, pl. XVII, fig. 10—12.
v. SCHAUROTH < *Zeitsch. d. Deutsch. geol. Gesellsch.*, T. VIII, p. 230, pl. XI, fig. 7.
HOWSE, *Notes on the Perm. Syst.*, p. 13.
GEINITZ, *Dyas*, T. I, p. 51, pl. XI, fig. 23, 24.

du zechstein de Zaufensgraben, Gera .... T. 20c.

No. 13484. **Id.** Ib. de Trebnitz .... » 20c.
» 13485. **Id.** Ib. de Poesneck .... » 20c.
» 13486. **Id.** Ib. de Murom, Orenburg, Russie .... » 20c.

TROCHIDES.

No. 13487. **Turbo helicinus** SCHLOTH. *sp.*
Trochilites helicinus SCHLOTH.
Turbo mancunensis BROWN.
Turbo minutus BROWN.
Turbo Meyeri MÜNST.
Turbo helicinus KING.

Voyez:

v. SCHLOTHEIM, *Petref.*, p. 161.
BROWN < *Trans. geol. Soc. Manch.*, T. I, p. 63, pl. VI, fig. 1—5.
v. MÜNSTER < GOLDFUSS, *Petr. Germ.*, T. III, p. 92, pl. CLXXXXII, fig. 3.
KING, *Mon. Perm. foss.*, p. 204, 205, pl. XVI, fig. 19—22.
GEINITZ, *Dyas*, T. I, p. 49, pl. XII, fig. 3, 4.

du zechstein de Bleichenbach, Hanau .... T. 20c.

» 13488. **Id.** Ib. de Tinz, Gera .... » 20c.

No. 13489. **Turbo obtusus** BROWN.
Rissoa obtusa BROWN.
Rissoa minutissima BROWN.
Trochus pusillus GEIN.
Littorina helicina HOWSE.
Voyez:
BROWN < *Trans. geol. Soc. Manch.*, T. 1, p. 64, pl. VI, fig. 12—14, 19—21.
GEINITZ, *Deutsch. Zechst.*, p. 7, pl. III, fig. 15, 16.
KING, *Mon. Perm. foss.*, p. 207, pl. XVI, fig. 18.
HOWSE, *Notes on the Perm. Syst.*, p. 13.
GEINITZ, *Dyas*, T. 1, p. 48, pl. XI, fig. 16—19.
du zechstein de Lasen, Gera.................... T. 20c.

NATICIDES.

No. 13494. **Natica minima** BROWN.
Natica Hercynica GEIN.
Natica minima KING.
Littorina hercynica HOWSE.
Voyez:
BROWN < *Trans. geol. Soc. Manch.*, T. 1, p. 64, pl. VI, fig. 22—24.
GEINITZ, *Deutsch. Zechst.*, p. 7, pl. III, fig. 11—13.
KING, *Mon. Perm. foss.*, p. 212, pl. XVI, fig. 29.
HOWSE, *Notes on the Perm. Syst.*, p. 48.
GEINITZ, *Dyas*, T. 1, p. 50, pl. XI, fig. 20—22.
du zechstein de Nordhausen, Thuringue........... T. 20c.

No. 13490. **Turbonilla Philipsi** HOWSE.
Turritella Philipsi HOWSE.
Turritella tunstallensis HOWSE.
Loxonema fasciata KING.
Loxonema Geinitziana KING.
Rissoa Geinitziana SCHAUR.
Chemnitzia altenburgensis HOWSE.
Voyez:
HOWSE < *Trans. Tynes Nat. Field. Cl.*, T. I, part. III, p. 240, 241.
KING, *Mon. Perm foss.*, p. 209, 210, pl. XVI, fig. 30, 31.
v. SCHAUROTH < *Zeits. Deutsch. geol. Gesellsch*, T. VIII, p. 241, 242, pl. XI, fig. 10, 11.
HOWSE, *Notes on the Perm. Syst.*, p. 43.
GEINITZ, *Dyas*, T. I, p. 47, pl. XI, fig. 11—13.
du zechstein de Zaufensgraben................. T. 20c.

" 13491. **Id.** Ib. .... " 20c.
" 13492. **Id.** de Trebnitz .... " 20c.
" 13493. **Id.** Ib. .... " 20c.

CÉPHALOPODES.

TENTACULIFÈRES.

NAUTILIDES.

No. 13495. **Nautilus Freieslebeni** Gein.

Voyez :

Geinitz, *Dyas*, T. I, p. 42, pl. XI, fig. 7.
De Verneuil < *Bull. Soc. geol. de France*, T. I, p. 36.
Howse < *Trans. Tynes Nat. Field. Cl.*, T. I, part. III, p. 237.
King, *Mon. Perm. foss.*, p. 219, 220, pl. XVII, fig. 13—20.
Howse, *Notes on the Perm. Syst.*, p. 51, pl. I, fig. 26.

du zechstein inférieur de Zaufensgraben.......... T. 20c.

" 13496. **Id.** Ib. de Trebnitz................ " 20c.

CÉPHALOPODES ACÉTABULIFÈRES

TEUTHIDES.

No. 13231. **Belemnoteuthis** *sp.* de Lyme Regis............. A. 8.

" 13232. **Id.** Ib. .... " 8.

Articulés ou Annelés.

ANNÉLIDES.

ANNÉLIDES TUBICOLES.

No. 13497. **Serpula Schubarthi** v. Schauroth.

Voyez :

v. Schauroth < *Zeitsch. Deutsch. geol. Gesellsch.*, T. VI, p. 539, pl. XX, fig. 1.
Geinitz, *Dyas*, T. I, p. 39, pl. X, fig. 9 *a*, *b*.

du zechstein de Zaufensgraben, Gera............. T. 20c.

" 13498. **Id.** de Poesneck......................... " 20c.

No. 13499. **Serpula pusilla** GEIN.
Serpula minutissima HOWSE.
Vermilia obscura KING.
Serpula pusilla KING.
Spirilina pusilla KING.

Voyez:

GEINITZ, *Dyas*, T. I, p. 39, pl. X, fig. 15—21; pl. XII, fig. 1.
HOWSE < *Trans. Tynes Nat. Field. Cl*, T. 1, part. III, p. 258.
KING, *Mon. Perm. foss.*, p. 56, pl. VI, fig. 7—9, 14; pl. XVIII, fig. 13.
KING < *Journ. geol. Soc. Dublin*, T. VII, part. II, p. 7, pl. 1, fig. 12.

du zechstein de Lutzschethal, Gera............... T. 20c.
" 13500. **Id.** de Trebnitz........................ " 20c.

CRUSTACÉS.

CIRRHIPÈDES.

CIRRHIPÈDES PÉDONCULÉS.

No. 13501. **Kirkbya permiana** JONES.
Dithyrocaris permiana JONES.
Dithyrocaris glypta JONES.
Cythere Roessleri RICHTER.
Leperditia permiana KIRKBY.
Kirkbya permiana KIRKBY et JONES.

Voyez:

KING < *Monogr. Perm. foss.*, p. 66, pl. XVIII, fig. 1—12.
RICHTER < *Zeitsch. Deutsch. geol. Gesellsch.*, T. VII, p. 528, pl. XXVI, fig. 1.
KIRKBY < *Ann. and Mag. Nat. Hist.*, T. II, p. 434, pl. XI, fig. 5—13.
KIRKBY et JONES, *On Perm. Entom.*, p. 9, pl. VIIIa, fig. 1—9; pl. X, fig. 5—13.
GEINITZ, *Dyas*, T. I, p. 38.

du zechstein inférieur de Trebnitz, Gera........... T. 20c.
" 13502. **Id.** Ib. de Zschippern.............. " 20c.
" 13503. **Id.** Ib. de Zaufensgraben........... " 20c.

No. 13504. **Cythere nuciformis** JONES.
Cytherella nuciformis RICHTER.
Cytherella nuciformis KIRKBY et JONES.

Voyez:

JONES < KING, *Monogr.*, p. 60, pl. XVIII, fig. 11.
RICHTER < *Zeitsch. Deutsch. geol. Gesellsch.*, T. VII, p. 529, pl. XXVI, fig. 8, 9.
KIRKBY et JONES, *On Perm. Entom.*, p. 40, pl. XI, fig. 7.
GEINITZ, *Dyas*, T. I, p. 31.
du zechstein de Zschippern, Gera .... T. 20*c*.

" 13505. **Id.** Ib. de Gera. .... " 20*c*.

No. 13506. **Cythere Tyronica** JONES.
Cythere inornata JONES.
Cytherella Tyronica JONES.

Voyez:

JONES < KING, *Mon. Perm. foss.*, p. 63, pl. XVIII, fig. 9.
KIRKBY et JONES, *On Perm. Entom.*, p. 40, 46, pl. XI, fig. 6, 20.
GEINITZ, *Dyas*, T. I, p. 32.
du zechstein de Zschippern, Gera .... T. 20*c*.

No. 13507. **Cythere Richteriana** JONES.

Voyez:

JONES < KIRKBY et JONES, *On Perm. Entom.*, p. 47, pl. XI, fig. 21.
GEINITZ, *Dyas*, T. I, p. 32.
du zechstein de Zschippern, Gera .... T. 20*c*.

No. 13508. **Cythere Geinitziana** JONES.

Voyez:

JONES < KING, *Monogr. Perm. foss.*, p. 62, pl. VI, fig. 46; pl. XVIII, fig. 4.
KIRKBY et JONES, *On Perm. Entom.*, p. 39, pl. XI, fig. 4.
GEINITZ, *Dyas*, T. I, p. 34.
du zechstein de Zschippern, Gera .... T. 20*c*.

No. 13509. **Cythere Kingi** REUSS *sp.*
Bairdia Kingi REUSS.
Bairdia Geinitziana RICHTER.
Bairdia Jonesiana KIRKBY.
Cythere Jonesiana KIRKBY et JONES.

Voyez:

REUSS < *Jahrb. Wett. Gesellsch.*, p. 67, fig. 4.
RICHTER < *Zeitsch. Deutsch. geol. Gesellsch.*, T. VII, p. 530, pl. XXVI, fig. 12.

KIRKBY < *Ann. et Mag. Nat. Hist.*, T. 11, pl. XI, fig. 1, 2.
KIRKBY et JONES, *On Perm. Entom.*, p. 31, 48, pl. X, fig. 1, 2; pl. XI, fig. 24, 25.
GEINITZ, *Dyas*, T. I, p. 34.

du zechstein de Zschippern, Gera .... T. 20c.

No. 13510. **Id.** Ib. de Lutzschethal .... " 20c.

" 13511. **Id.** Ib. de Zaufensgraben .... " 20c.

No. 13512. **Cythere ampla** REUSS *sp.*
Bairdia ampla REUSS.

Voyez:

REUSS < *Jahresb. Wetterau Gesellsch.*, p. 68, fig. 7.
KIRKBY et JONES, *On Perm. Entom.*, p. 46, pl. XI, fig. 19.
GEINITZ, *Dyas*, T. 1, p. 35.

du zechstein de Zschippern...................... T. 20c.

No. 13513. **Cythere brevicauda** JONES *sp.*
Bairdia curta JONES.
Bairdia curta RICHTER.
Bairdia Kingi KIRKBY.
Bairdia plebeja, var. *mucronata* KIRKBY.
Bairdia Kingi KIRKBY et JONES.
Cythere plebeja, var. *brevicauda* JONES.

Voyez:

JONES < KING, *Mon. Perm. foss.*, p. 61, pl. XVII, fig. 21, 22; pl. XVIII, fig. 3.
RICHTER < *Zeitsch. Deutsch. geol. Gesellsch.*, T. VII, p. 530, pl. XXVI, fig. 13—15.
KIRKBY < *Ann. et Mag. Nat. Hist.*, T. II, p. 327, pl. X, fig. 8.
KIRKBY et JONES, *On Perm. Entom.*, p. 28, pl. IX, fig. 8.
JONES, *On Perm. Entom.*, p. 41, 42, pl. XI, fig. 8—13.
GEINITZ, *Dyas*, T. 1, p. 35.

du zechstein de Zschippern...................... T. 20c.

No. 13514. **Cythere plebeja** REUSS *sp.*
Bairdia plebeja REUSS.
Bairdia drupacea RICHTER.
Bairdia plebeja KIRKBY.
Bairdia mucronata KIRKBY.
Bairdia Reussiana KIRKBY.
Bairdia ventricosa KIRKBY.
Bairdia plebeja var. *compressa* KIRKBY.

Voyez:

REUSS < *Jahresb. Wetterau Gesellsch.*, p. 67, fig. 5.
RICHTER < *Zeitsch. Deutsch. geol. Gesellsch.*, T. VII, p. 529.
KIRKBY < *Ann. and Mag. Nat. Hist.*, T. II, p. 324, 325, 326, 327, pl. X, fig. 1—3, 5—7, 10, 11.
GEINITZ, *Dyas*, T. I, p. 35.

du zechstein de Zschippern........................ T. 20*c*.

No. 13515. **Cythere berniciensis** KIRKBY *sp.*
Bairdia berniciensis KIRKBY.

Voyez:

KIRKBY < *Ann. and. Mag. Nat. Hist.*, T. II, p. 330, pl. X, fig. 15.
GEINITZ, *Dyas*, T. I, p. 36.

du zechstein de Zschippern, Gera................ T. 20*c*.

" 13516. **Id.** Ib. de Zaufensgraben.................... " 20*c*.

No. 13517. **Cythere Reussiana** RICHTER?
du zechstein de Lutzschetal, Gera................ T. 20*c*.

No. 13518. **Cythere Jonesiana** RICHTER?
du zechstein de Zaufensgraben.................... " 20*c*.

No. 13519. **Cythere leptura** RICHTER?
du zechstein de Lutzschethal, Gera.............. " 20*c*.

No. 13520. **Cythere caudata** RICHTER?
du zechstein de Gera........................... " 20*c*.

XIPHOSURES.

No. 13144. **Limulus** *sp.* de Schernfeld, Bavière............... A. 16.
" 13145. **Id.** Ib. .... " 16.
" 13146. **Id.** Ib. .... " 16.
" 13147. **Id.** Ib. .... " 16.
" 13319. **Id.** Ib. .... T. 8*d*.
" 13320. **Id.** Ib. .... " 8*d*.

DÉCAPODES MACROURES.

SALICOQUES.

No. 6437. **Mecochirus longimanus** SCHLOTH. *sp.*
Voyez p. 406.
" 6438. **Id.** Ib. .... A. 14.

ASTACIENS.

No. 13233. **Hoploparia longimana** M'COY.
Astacus longimanus Sow.
Voyez:
SOWERBY < *Zoolog. Journ.*, T. II, p. 473, pl. XVII, fig. 1, 2.
de Lyme Regis.................................. A. 8.
" 13234. **Id.** Ib. .... " 8.

CUIRASSÉS.

No. 13235. **Eryon Barrowensis** M'COY.
Voyez:
M'COY < *Ann. and Mag. of Nat. Hist.*, 2 série, T. IV, p. 172.
de Lyme Regis?................................ A. 8.

No. 13138. **Eryon** *sp.* de Schernfeld, Bavière .... A. 16.
" 13139. **Id.** Ib. .... " 16.
" 13140. **Id.** Ib. .... " 16.
" 13141. **Id.** Ib. .... " 16.
" 13142. **Id.** Ib. .... " 16.
" 13143. **Id.** Ib. .... " 16.
" 13318. **Id.** Ib. .... T 8.

THALASSINIENS.

No. 13313. **Crustacé** de Schernfeld, Bavière.................. T. 8c.
" 13314. **Id.** .... " 8c.
" 13315. **Id.** .... " 8c.
" 13316. **Id.** .... " 8c.
" 13317. **Id.** .... " 8c.

No.				
No. 13148.	**Crustacée** de Schernfeld, Bavière		A.	16.
" 13149.	**Id.**	Ib.	"	16.
" 13150.	**Id.**	Ib.	"	16.
" 13151.	**Id.**	Ib.	"	16.
" 13152.	**Id.**	Ib.	"	16.
" 13153.	**Id.**	Ib.	"	16.
" 13154.	**Id.**	Ib.	"	16.
" 13155.	**Id.**	Ib.	"	16.
" 13156.	**Id.**	Ib.	"	16.
" 13157.	**Id.**	Ib.	"	16.
" 13158.	**Id.**	Ib.	"	16.
" 13159.	**Id.**	Ib.	"	16.
" 13160.	**Id.**	Ib.	"	16.
" 13161.	**Id.**	Ib.	"	16.
" 13162.	**Id.**	Ib.	"	16.
" 13163.	**Id.**	Ib.	"	16.
" 13164.	**Id.**	Ib.	"	16.
" 13165.	**Id.**	Ib.	"	16.
" 13166.	**Id.**	Ib.	"	16.
" 13167.	**Id.**	Ib.	"	16.
" 13168.	**Id.**	Ib.	"	16.

ARACHNIDES.

ARACHNIDES PULMONAIRES.

No. 6566. **Palpipes cursor** Roth.

Phalangites multipes Münst.

Voyez:

Roth < *Münch. Gel. Anz.* 1851, T. XXXII, p. 164.

de Solenhofen .... A. 14.

" 6575. **Id.** Ib. .... " 14

" 6457. **Id.** Ib. (jeune?) .... " 14.

" 6449. **Id.?** Ib. .... " 14.

No. 6547. **Hasseltia primigenia** Weyenb.

Voyez:

Weyenbergh < *Arch. Teyl.*, T. II, p. 253, pl. XXXIV, fig. 1; T. III, p. 234.

de Solenhofen .... A. 14.

" 6548. **Id.** Ib. .... " 14.

No. 6476. **Chelifer fossilis** Weyenb.

Voyez:

Weyenbergh < *Period. Zoolog. Arg.*, T. II, p. 89.

de Solenhofen .... A. 14.

INSECTES.

DIPTÈRES.

ATHÉRICÈRES.

No. 6529. **Tipularia Teyleri** Weyenb.

Voyez :

Weyenbergh < *Arch. Teyl.*, T. II, p. 257, pl. XXXIV, fig. 6, 6*a*.

de Solenhofen.................................... V. 20.

No. 6406. **Empidia Wulpi** Weyenb.

Voyez :

Weyenbergh < *Arch. Teyl*, T. II, p. 258, pl. XXXIV, fig. 5, 5*a*.

de Solenhofen.................................... V. 20.

No. 6499. **Asilicus lithophilus** Germ.

Voyez :

Germar < Münster, *Beitr.*, T. V, pl. IX, fig. 7.
Weyenbergh < *Arch. Teyl.*, T. II, p. 255, pl. XXXIV, fig. 4.

de Solenhofen.................................... V. 20.

" 6500. **Id.** Ib. .... " 20.
" 6488. **Id.** Ib. .... " 20.
" 6561. **Id.** Ib. .... " 20.
" 6541. **Id.** Ib. .... " 20.
" 6543. **Id.** Ib. .... " 20.

No. 6483. **Cheilosia dubia** Weyenb.

Voyez :

Weyenbergh < *Arch. Teyl.*, T. II, p. 259, pl. XXXIV, fig. 8.

de Solenhofen.................................... V. 20.

" 6452. **Id.** Ib. .... " 20.

HYMÉNOPTÈRES.

No. 6480. **Apiaria veterana** Weyenb.

Voyez :

Weyenbergh < *Arch. Teyl.*, T. II, p. 260, pl. XXXIV, fig. 8.

de Solenhofen.................................... A. 14.

No. 6460. **Bombus conservatus** Weyenb.

Voyez:

Weyenbergh < *Arch. Teyl.*, T. II, p. 259, pl. XXXIV, fig. 7.

de Solenhofen . . . . A. 14.

No. 6531. **Anomalon palaeon** Weyenb.

Voyez:

Weyenbergh < *Period. Zool. Arg.*, T. I, pl. III, fig. 7 et 8.

de Solenhofen (masc.) . . . . T. 13*f*.

" 6384. **Id.** Ib. . . . . " 13*f*.

" 6434. **Id.** Ib. (fem.) . . . . " 13*f*.

LÉPIDOPTÈRES.

No. 6431. **Sphinx Snelleni** Weyenb.

Voyez:

Weyenbergh < *Arch. Teyl.*, T. II, p. 261, pl. XXXIV, fig. 9, 9*a*, 10, 10*a*; T. III, p. 236.

de Solenhofen . . . . V. 20.

" 6432. **Id.** Ib. . . . . " 20.

" 6523. **Id.**? Ib. (chenille?) . . . . " 20.

No. 12570. **Pseudosirex Darwini** Weyenb.

Voyez:

Weyenbergh < *Arch. Teyl.*, T. III, p. 279.

Weyenbergh < *Period. Zool. Arg.*, T. I, pl. III, fig. 1 et 2.

de Solenhofen . . . . T. 23*f*.

NÉVROPTÈRES.

LIBELLULINES.

No. 6350. **Isophlebia Aspasia** Hag.

Aeschna Buchi.

Voyez:

Hagen < *Palaeontogr.*, T. X, p. 105.

de Solenhofen . . . . A. 14.

" 6351. **Id.** Ib. . . . . " 14.

No. 6333. **Isophlebia Helle** Hag.
Agrion Latreilli Germ.

Voyez:

Hagen < *Palaeontogr.*, T. X, p. 105; T. XV, p. 76, pl. XI, fig. 1.
German < *Nov. Act. Leop. Acad.*, T. XIX, pl. XXIII, fig. 16.

de Solenhofen .... A. 14.
" 6355. **Id.** Ib. .... " 14.

No. 6339. **Stenophlebia aequalis** Hag.

Voyez:

Hagen < *Palaeontogr.*, T. X, p. 124, pl. XIII, fig. 4, 5, 6.

de Solenhofen .... V. 20.
" 6338. **Id.** Ib. .... " 20.
" 6336. **Id.** Ib. .... " 20.
" 12551. **Id.** Ib. .... T. 23*f*.
" 12552. **Id.** Ib. .... " 23*f*.
" 12553. **Id.** Ib. .... " 23*f*.
" 12554. **Id.** Ib. .... " 23*f*.
" 12555. **Id.** Ib. .... " 23*f*.
" 13103. **Id.** Ib. .... V. 20.

No. 6346. **Euphaea multinervis** Hag.

Voyez:

Hagen < *Palaeontogr.*, T. X, p. 119, pl. XIV, fig. 3, 4.
de Solenhofen .... V. 20.

No. 6451. **Euphaea longiventris** Hag.

Voyez:

Hagen < *Palaeontogr.*, T. X, p. 121, pl. XIII, fig. 7.
de Solenhofen .... V. 20.

No. 6421. **Agrion hecticum** Hag.

Voyez:

Hagen < *Palaeontogr.*, T. X, p. 106.
de Solenhofen .... V. 20.
" 6442. **Id.** Ib. .... " 20.
" 6443. **Id.** Ib. .... " 20.

No. 6360. **Agrion Eichstaettense** Hag.

Voyez:

Hagen < *Palaeontogr.*, T. X, p. 118, pl. XIV, fig. 5.
de Solenhofen .... V. 20.
" 6361. **Id.** Ib. .... " 20.
" 6463. **Id.** Ib. .... " 20.

No. 6450. **Agrion exhaustum** Hag.

Voyez :

Hagen < *Palaeontogr.*, T. X, p. 117.

de Solenhofen.................................V. 20.

No. 6359. **Agrion vetustum** Hag.

Voyez :

Hagen < *Palaeontogr.*, T. X, p. 116.
Charpentier, *Libell. Europ.*, pl. XLVIII, fig. 1, 2.

de Solenhofen.................................V. 20.
" 6362. **Id.** Ib. .... " 20.
" 6363. **Id.** Ib. .... " 20.

No. 6354. **Petalia longialata** Hag.
Aeschna longialata Germ.
Libellula longialata Germ.
Aeschna multicellulosa Gieb.
Aeschna bavarica Gieb.

Voyez :

Hagen < *Palaeontogr.*, T. X, p. 127, pl. XIII, fig. 1, 2.
Germar < *Nov. Act. Leop. Acad.*, T. XIX, p. 216, pl. XXIII, fig. 15.
Münster, *Beitr.*, T. V, p. 79, pl. IX, fig. 1; pl. XIII, fig. 6.
Giebel, *Insect. d. Vorw.*, p. 280.

de Solenhofen.................................A. 14.
" 6348. **Id.** Ib. .... " 14.
" 6349. **Id.** Ib. .... " 14.
" 6345. **Id.** Ib. ....V. 20.

No. 6341. **Petalura gigantea** Hag.
Aeschna gigantea Germ.
Aeschna latialata Münst.

Voyez :

Hagen < *Palaeontogr.*, T. X, p. 142.
Germar < *Nov. Act. Leop. Acad.*, T. XIX, p. 216, pl. XXIII, fig. 14.
Giebel, *Insect. d. Vorw.*, p. 279.

de Solenhofen.................................A. 14.
" 6340. **Id.** Ib. .... " 14.
" 6352. **Id.** Ib. .... " 14.
" 6353. **Id.** Ib. .... " 14.

No. 6347. **Petalura intermedia** Hag.

Aeschna intermedia Münst.

Voyez:

Hagen < *Palaeontogr.*, T. X, p. 142.
Germar < *Nov. Act. Acad. Leop.*, T. XIX, p. 216, pl. XXIII, fig. 13.
Giebel, *Insect. d. Vorw.*, p. 280.
de Solenhofen .... A. 14.

No. 6357. **Petalura Münsteri** Hag.

Aeschna Münsteri Germ.
Aeschna Wittei Gieb.
Aeschna Schmideli Gieb.
Aeschna antiqua v. d. Lind.

Voyez:

Hagen < *Palaeontogr.*, T. X, p. 133, 137, pl. XIII, fig. 3.
Germar < *Nov. Act. Leop. Acad.*, T. XIX, p. 215, pl. XXIII, fig. 12.
Giebel < *Zeitsch. f. d. ges. Naturw.* 1860, T. XVI, p. 127, pl. I, fig. 1.
Giebel, *Insect. d. Vorw.*, p. 276.
v. d. Linden < *Mém. Acad. Brux.*, T. IV, p. 247.
de Solenhofen .... A. 14.

" 6356. **Id.** Ib. .... " 14.
" 6342. **Id.** Ib. .... " 14.
" 6343. **Id.** Ib. .... " 14.

No. 6337. **Petalura varia** Hag.

Gomphus Köhleri Hag.

Voyez:

Hagen < *Palaeontogr.*, T. X, p. 107.
Hagen < *Entomol. Zeit.*, 1848, p. 6.
de Solenhofen .... V. 20.

" 6334. **Id.** Ib. .... " 20.
" 6335. **Id.** Ib. .... " 20.
" 6535. **Id.** Ib. .... " 20.
" 6534. **Id.** Ib. .... " 20.

No. 6358. **Libellula valga** Hag.

Voyez:

Hagen < *Palaeontogr.*, T. X, p. 107.
de Solenhofen .... V. 20.

" 6441. **Id.** Ib. .... " 20.

No. 6562. **Neuroptère (Larve?)**

Voyez:

Weyenbergh < *Arch. Teyl.*, T. II, p. 265, pl. XXXV, fig. 17.
de Solenhofen .... V. 20.

TERMITINES.

No. 6481. **Termes lithophilus** Hag.
Tincites lithophilus Germ.

Voyez:

Hagen < *Palaeontogr.*, T. X, p. 107.
Germar < Münster, *Beitr.*, T. V, pl. IX, fig. 8.
de Solenhofen .... V. 20.

No. 6886. **Termes heros** Hag.

Voyez:

Hagen < *Palaeontogr.*, T. X, p. 114, pl. XV, fig. 1.
de Solenhofen .... V. 20.

No. 6540. **Termes fossilis** Weyenb.

Voyez:

Weyenbergh < *Period. Zool. Arg.*, T. I, pl. III, fig. 15.
de Solenhofen .... T. 13*f*.

EPHÉMÉRINES.

No. 6439. **Ephemera mortua** Hag.

Voyez:

Hagen < *Palaeontogr.*, T. X, p. , pl. XV, fig. 5.
de Solenhofen .... A. 14.
" 6440. **Id.** Ib. .... " 14.
" 6404. **Id.** Ib. .... " 14.
" 6405. **Id.** Ib. .... " 14.

No. 6462. **Ephemera Meyeri** Weyenb.

Voyez:

Weyenbergh < *Period. Zool. Arg.*, T. I, pl. III, fig. 13.
de Solenhofen .... T. 13*f*.

No. 6501. **Ephemera deposita** Weyenb.

Voyez:

Weyenbergh < *Period. Zool. Arg.*, T. I, pl. III, fig. 14.
de Solenhofen .... T. 13*f*.

HÉMÉROBINES.

No. 6486. **Chrysopa solenhofensis** Weyenb.

Voyez:

Weyenbergh < *Arch. Teyl.*, T. II, p. 264, pl. XXXIV, fig. 11, 12.

de Solenhofen .... V. 20.

" 6487. **Id.** Ib. .... " 20.

" 6468. **Id.** Ib. .... " 20.

" 6469. **Id.** Ib. .... " 20.

No. 10335. **Hemerobius priscus** Weyenb.

Voyez:

Weyenbergh < *Arch. Teyl.*, T. II, p. 264, pl. XXXIV, fig. 13, 14.

de Solenhofen .... V. 20.

" 10336. **Id.** Ib. .... " 20.

No. 6538. **Hemerobius fossilis** Weyenb.

Voyez:

Weyenbergh < *Arch. Teyl.*, T. II, p. 264, pl. XXXIV, fig. 15.

de Solenhofen .... V. 20.

" 6539. **Id.** Ib. .... " 20.

" 6569. **Id.** Ib. .... " 20.

No. 6435. **Myrmeléon extinctus** Weyenb.

Voyez:

Weyenbergh < *Arch. Teyl.*, T. II, p. 265, pl. XXXV, fig. 16.

de Solenhofen .... V. 20

ORTHOPTÈRES.

No. 6472. **Forficularia problematica** Weyenb.

Voyez:

Weyenbergh < *Arch. Teyl.*, T. II, p. 274, pl. XXXVI, fig. 25, 26.

de Solenhofen .... A. 14.

" 6430. **Id.** Ib. .... " 14.

" 6458. **Id.** Ib. .... " 14.

" 6475. **Id.** Ib. .... " 14.

" 6377. **Id.** Ib. .... " 14.

" 6378. **Id.** Ib. .... " 14.

" 6517. **Id.** Ib. .... " 14.

" 6518. **Id.** Ib. .... " 14.

" 6459. **Id.** Ib. .... " 14.

No. 6470. **Achita quaerula** WEYENB.
Voyez:
WEYENBERGH < *Arch. Teyl.*, T. II, p. 276, pl. XXXVI, fig. 29.
de Solenhofen . . . . A. 14.
" 6479. **Id.** Ib. . . . . " 14.

No. 6464. **Gryllites dubius** GERM.
Voyez:
GERMAR < MÜNSTER, *Beitr.*, T. V, pl. IX, fig. 3; pl. XIII, fig. 8.
de Solenhofen . . . . A. 14.

No. 6436. **Locusta speciosa** GERM.
Voyez:
GERMAR < *Nov. Act. Leop. Acad.*, T. XIX, pl. XXI, fig. 1, 2.
de Solenhofen . . . . A. 14.
" 6419. **Id.** Ib. . . . . " 14.
" 6385. **Id.** Ib. . . . . " 14.

No. 6401. **Phancroptera Germari** MÜNST.
Voyez:
GERMAR < MÜNSTER, *Beitr.*, T. V, pl. IX, fig. 7.
de Solenhofen . . . . A. 14.
" 6417. **Id.** Ib. . . . . " 14.
" 6446. **Id.** Ib. . . . . " 14.
" 6447. **Id.** Ib. . . . . " 14.

No. 6582. **Phancroptera striata** WEYENB.
Voyez:
WEYENBERGH < *Arch. Teyl.*, T. II, p. 275, pl. XXXVI, fig. 28.
de Solenhofen . . . . A. 14.

No. 6504. **Blattaria Dunckeri** WEYENB.
Voyez:
WEYENBERGH < *Period. Zool. Arg.*, T. I, pl. III, fig. 12.
de Solenhofen . . . . T. 13*f*.
" 6505. **Id.** Ib. . . . . " 13*f*.

HÉMIPTÈRES.

No. 6497. **Velia cornuta** WEYENB.
Voyez:
WEYENBERGH < *Period. Zool. Arg.*, T. I, pl. III, fig. 11.
de Solenhofen . . . . T. 13*f*.
" 6428. **Id.** Ib. . . . . " 13*f*.

No. 6369. **Corixa mortua** Weyenb.

Voyez:

Weyenbergh < *Arch. Teyl.*, T. II, p. 268, pl. XXXV, fig. 18, 18*a*.

de Solenhofen.................................... A. 14.

" 7370. **Id.** Ib. .... " 14.

No. 6424. **Naucoris lapidarius** Weyenb.

Voyez:

Weyenbergh < *Arch. Teyl.*, T. II, p. 276, pl. XXXV, fig. 19, 19*a*.

de Solenhofen.................................... A. 14.

" 6423. **Id.** Ib. .... " 14

" 6494. **Id.** Ib. .... " 14.

" 6492. **Id.** Ib. .... " 14.

" 6397. **Id.** Ib. .... " 14.

" 6398. **Id.** Ib. .... " 14.

" 6553. **Id.** Ib. .... " 14.

" 6554. **Id.** Ib. .... " 14.

" 6411. **Id.** Ib. (Larve?)......................... " 14.

No. 6371. **Nepa primordialis** Germ.

Voyez:

Germar < *Nov. Act. Leop. Acad.*, A. XIX, p. 206, pl. XXII, fig. 7.

Weyenbergh < *Arch. Teyl.*, T. II, p. 273, pl. XXXV, fig. 22.

de Solenhofen.................................... A. 14.

" 6372. **Id.** Ib. .... " 14.

" 6537. **Id.** Ib. .... " 14.

" 6465. **Id.** Ib. .... " 14.

No. 12571. **Propygolampis Bronni** Weyenb.

Voyez:

Weyenbergh < *Period. Zool. Arg.*, T. I, pl. III, fig. 3.

de Solenhofen.................................... T. 23*f*.

" 12572. **Id.** Ib. .... " 23*f*.

No. 6391. **Pygolampis gigantea** Germ.

Voyez:

Germar < *Nov. Act. Leop. Acad.*, T. XIX, pl. XXII, fig. 8.

Weyenbergh < *Arch. Teyl.*, T. II, p. 273, pl. XXXV, fig. 21.

de Solenhofen.................................... A. 14.

" 6392. **Id.** Ib. .... " 14.

" 6393. **Id.** Ib. .... " 14.

" 6394. **Id.** Ib. .... " 14.

" 6395. **Id.** Ib. .... " 14.

No. 13289. **Pygolampis** *sp?* de Schernfeld.................... T. 9*e*.
" 13290. **Id.** .... " 9*e*.

No. 6389. **Belostomum Hartingi** Weyenb.

Voyez:

Weyenbergh < *Arch. Teyl.*, T. II, p. 268, pl. XXXV, fig. 20.
de Solenhofen.. A. 14.

" 6390. **Id.** Ib. .... " 14.
" 12557. **Id.** Ib. .... " 14.
" 12558. **Id.** Ib. .... " 14.
" 12559. **Id.** Ib. .... " 14.
" 12560. **Id.** Ib. .... " 14.
" 13291. **Id.** de Schernfeld.................................. T. 9*e*.
" 13292. **Id.** Ib. .... " 9*e*.
" 13293. **Id.** Ib. .... " 9*e*.
" 13294. **Id.** Ib. .... " 9*e*.
" 13295. **Id.** Ib. .... " 9*e*.
" 13296. **Id.** Ib. .... " 9*e*.
" 13297. **Id.** Ib. .... " 9*e*.

No. 6416. **Actea sphinx** Germ.

Voyez:

Germar < Münster, *Beitr.*, T. V, p. 85, pl. IX, fig. 6.
de Solenhofen.. A. 14.

No. 6581. **Ricania hospes** Germ.

Voyez:

Germar < *Nov. Act. Leop. Acad.*, T. XIX, p. 270, pl. XXIII, fig. 22.
de Solenhofen.. A. 14.

No. 6448. **Ricania gigas** Weyenb.

Voyez:

Weyenbergh < *Arch. Teyl.*, T. II, p. 270, pl. XXXV, fig. 23.
de Solenhofen.. A. 14.

No. 6542. **Lystra Vollenhoveni** Weyenb.

Voyez:

Weyenbergh < *Arch. Teyl.*, T. II, p. 271, pl. XXXVI, fig. 24.
de Solenhofen.. A. 14.

" 10337. **Id.** Ib. .... " 14.

No. 6528. **Cicada Proserpina** Weyenb.

Voyez:

Weyenbergh < *Period. Zool. Arg.*, T. I, pl. III, fig. 9.
de Solenhofen .... T. 13*f*.

No. 6560. **Cicada prisca** Weyenb.

Voyez:

Weyenbergh < *Period. Zool. Arg.*, T. I, pl. III, fig. 10.
de Solenhofen .... T. 13*f*.

No. 12573. **Cicada gigantea** Weyenb.

Voyez:

Weyenbergh < *Period. Zool. Arg.*, T. I, pl. III, fig. 4.
de Solenhofen .... T. 23*f*.
" 12574. **Id.** Ib. .... " 23*f*.

COLÉOPTÈRES.

No. 6373. **Carabus Winkleri** Weyenb.

Voyez:

Weyenbergh < *Arch. Teyl.*, T. II, p. 278, pl. XXXVII, fig. 56, 56*a*.
de Solenhofen .... A. 14.
" 6374. **Id.** Ib. .... " 14.

No. 6485. **Carabicina decipiens** Germ.

Voyez:

Germar < Münster, *Beitr.*, T. V, p. 83, pl. IX, fig. 4; pl. XIII, fig. 9.
Weyenbergh < *Arch. Teyl.*, T. II, p. 288, pl. XXXVII, fig. 55.
de Solenhofen .... A. 14.
" 6414. **Id.** Ib. .... " 14.
" 6482. **Id.** Ib. .... " 14.
" 6477. **Id.** Ib. .... " 14.
" 6583. **Id.** Ib. .... " 14.

No. 6496. **Hydroporus petrefactus** Weyenb.

Voyez :

Weyenbergh < *Arch. Teyl.*, T. II, p. 279, pl. XXXVII, fig. 54.

de Solenhofen .... A. 14.

No. 6515. **Gyrinus juranus** Weyenb.

Voyez :

Weyenbergh < *Arch. Teyl.*, T. II, p. 280, pl. XXXVII, fig. 53, 53*a*.

de Solenhofen .... A. 14.

No. 6522. **Silpha tenuilythris** Weyenb.

Voyez :

Weyenbergh < *Arch. Teyl.*, T. II, p. 280, pl. XXXVII, fig. 48.

de Solenhofen .... A. 14.

" 6519. **Id.** Ib. .... " 14.

" 6408. **Id.** Ib. .... " 14.

" 6473. **Id.** Ib. .... " 14.

" 6402. **Id.** Ib. .... " 14.

" 12575. **Id.** Ib. .... " 14.

" 12576. **Id.** Ib. .... " 14.

No. 6453. **Scaphidium Hageni** Weyenb.

Voyez :

Weyenbergh < *Arch. Teyl.*, T. II, p. 281, pl. XXXVII, fig. 51.

de Solenhofen .... A. 14.

" 6454. **Id.** Ib. .... " 14.

No. 6589. **Hister relictus** Weyenb.

Voyez :

Weyenbergh < *Arch. Teyl.*, T. II, p. 281, pl. XXXVII, fig. 50.

de Solenhofen .... A. 14.

" 6590. **Id.** Ib. .... " 14.

No. 6444. **Meloe bavaricus** Weyenb.

Voyez :

Weyenbergh < *Period. Zool. Arg.*, T. I, pl. III, fig. 6.

de Solenhofen .... T. 13*f*.

No. 6418. **Oryctes Pluto** Weyenb.

Voyez :

Weyenbergh < *Arch. Teyl.*, T. II, p. 282, pl. XXXVII, fig. 49.

de Solenhofen .... A. 14.

No. 12561. **Scarabaeus deperditus** GERM.
Hydrophilus deperditus WEYENB.

Voyez:

GERMAR < *Nov. Act. Leop. Acad.*, T. XIX, Tab. XXIII, fig. 17.
WEYENBERGH < *Period. Zool. Arg.*, T. I, p. 83.
de Solenhofen.. T. 23*f*.
" 12562. **Id.** Ib. .... " 23*f*.

No. 6426. **Cetonia defossa** WEYENB.

Voyez:

WEYENBERGH < *Arch. Teyl.*, T. II, pl. XXXVII, fig. 52.
de Solenhofen.. A. 14.
" 6429. **Id.** Ib. .... " 14.
" 6368. **Id.** Ib. .... " 14.

No. 6445. **Buprestis lapidelythris** WEYENB.

Voyez:

WEYENBERGH < *Arch. Teyl.*, T. II, p. 283, pl. XXXVII, fig. 46, 46*a*.
de Solenhofen.. A. 14.
" 6364. **Id.** Ib. .... " 14.

No. 6510. **Chrysobothris veterana** HEYD.

Voyez:

VON HEYDEN < *Palaeontogr.*, T. I, p. 99, pl. XII, fig. 4.
WEYENBERGH < *Arch. Teyl.*, T. II, p. 283, pl. XXXVII, fig. 47.
de Solenhofen.. A. 14.
" 6403. **Id.** Ib. .... " 14.

No. 6420. **Lacon petrosum** WEYENB.

Voyez:

WEYENBERGH < *Arch. Teyl.*, T. II, p. 283, pl. XXXVII, fig. 45.
de Solenhofen.. A. 14.

No. 6425. **Elater Teyleri** WEYENB.

Voyez:

WEYENBERGH < *Arch. Teyl.*, T. II, p. 284, pl. XXXVII, fig. 44, 44*a*.
de Solenhofen.. A. 14

No. 6525. **Elater Costeri** WEYENB.

Voyez:

WEYENBERGH < *Arch. Teyl.*, T. II, p. 284, pl. XXXVII, fig. 43.
de Solenhofen.. A. 14.

No. 6512. **Elater grossus** WEYENB.

Voyez:

WEYENBERGH < *Arch. Teyl.*, T. II, p. 285, pl. XXXVII, fig. 42.

de Solenhofen .... A. 14.

No. 6597. **Tenebrio innominatus** WEYENB.

Voyez:

WEYENBERGH < *Arch. Teyl.*, T. II, p. 285, pl. XXXVII, fig. 41.

de Solenhofen .... A. 14.

No. 6533. **Anisorhynchus lapideus** WEYENB.

Voyez:

WEYENBERGH < *Arch. Teyl.*, T. II, p. 285, pl. XXXVI, fig. 40, 40*a*.

de Solenhofen .... A. 14.

No. 6367. **Saperdides cristallosus** WEYENB.

Voyez:

WEYENBERGH < *Period. Zool. Arg.*, T. I, pl. III, fig. 5.

de Solenhofen .... T. 13*f*.

No. 6489. **Leptura primigenia** WEYENB.

Voyez:

WEYENBERGH < *Arch. Teyl.*, T. II, p. 286, pl. XXXVI, fig. 33.

de Solenhofen .... A. 14.

No. 6524. **Cryptocephalus antiquus** WEYENB.

Voyez:

WEYENBERGH < *Arch. Teyl.*, T. II, p. 286, pl. XXXVI, fig. 38.

de Solenhofen .... A. 14.

No. 6493. **Cryptocephalus mesozoicus** WEYENB.

Voyez:

WEYENBERGH < *Arch. Teyl.*, T. II, p. 286, pl. XXXVI, fig. 37.

de Solenhofen .... A. 14.

" 6526. **Id.** Ib. .... " 14.

" 6592. **Id.** Ib. .... " 14.

" 6597. **Id.** Ib. .... " 14.

No. 6557. **Chrysomela lithografica** Weyenb.

Voyez :

Weyenbergh < *Arch. Teyl.*, T. II, p. 287, pl. XXXVI, fig. 35, 36.

de Solenhofen . . . . A. 14.

" 6558. **Id.** Ib. . . . . " 14.
" 6559. **Id.** Ib. . . . . " 14.
" 6483. **Id.** Ib. . . . . " 14.
" 6520. **Id.** Ib. . . . . " 14.
" 6513. **Id.** Ib. . . . . " 14.
" 6598. **Id.** Ib. . . . . " 14.
" 6535. **Id.** Ib. . . . . " 14.
" 6593. **Id.** Ib. . . . . " 14.
" 6594. **Id.** Ib. . . . . " 14.
" 6592. **Id.** Ib. . . . . " 14.

No. 6506. **Chrysomela rara** Weyenb.

Voyez :

Weyenbergh < *Arch. Teyl.*, T. II, p. 287, pl. XXXVI, fig. 34.

de Solenhofen . . . . A. 14.

No. 6461. **Cassida aequivoca** Weyenb.

Voyez :

Weyenbergh < *Arch. Teyl.*, T. II, p. 287, pl. XXXVI, fig. 39.

de Solenhofen . . . . A. 14.

" 6509. **Id.** Ib. . . . . " 14.

No. 6516. **Coccinella Heydeni** Weyenb.

Voyez :

Weyenbergh < *Arch. Teyl.*, T. II, p. 288, pl. XXXVI, fig. 32, 32*a*.

de Solenhofen . . . . A. 14.

No. 6415. **Insecte** *à déterminer.*

Voyez :

Weyenbergh < *Period. Zool. Arg.*, T. I, pl. III, fig. 16.

de Solenhofen . . . . T. 13*f*.

No. 6476. **Larve** *d'un diptère?* Ib. . . . . T. 13*f*.

No. 12556. **Agrion** *spec.?* Ib. . . . . T. 23*f*.

No. 6344. **Insecte**, de Solenhofen .... T. 23*f.*
" 6365. **Id.** Ib. .... " 23*f.*
" 6367. **Id.** Ib. .... " 23*f.*
" 6380. **Id.** Ib. .... " 23*f.*
" 6381. **Id.** Ib. .... " 23*f.*
" 6382. **Id.** Ib. .... " 23*f.*
" 6383. **Id.** Ib. .... " 23*f.*
" 6387. **Id.** Ib. .... " 23*f.*
" 6388. **Id.** Ib. .... " 23*f.*
" 6396. **Id.** Ib. .... " 13*f.*
" 6478. **Id.** Ib. .... " 13*f.*
" 6490. **Id.** Ib. .... " 23*f.*
" 6491. **Id.** Ib. .... " 13*f.*
" 6507. **Id.** Ib. .... " 13*f.*
" 6508. **Id.** Ib. .... " 13*f.*
" 6514. **Id.** Ib. .... " 13*f.*
" 6573. **Id.** Ib. .... " 23*f.*
" 6579. **Id.** Ib. .... " 23*f.*
" 6580. **Id.** Ib. .... " 23*f.*
" 6584. **Id.** Ib. .... " 23*f.*
" 6587. **Id.** Ib. .... " 32*f.*
" 6595. **Id.** Ib. .... " 23*f.*
" 12563. **Id.** Ib. .... " 23*f.*
" 12564. **Id.** Ib. .... " 23*f.*
" 12565. **Id.** Ib. .... " 23*f.*
" 12566. **Id.** Ib. .... " 23*f.*
" 12567. **Id.** Ib. .... " 23*f.*
" 12568. **Id.** Ib. .... " 23*f.*
" 12569. **Id.** Ib. .... " 23*f.*
" 13111. **Id.** de Schernfeld .... A. 16.
" 13112. **Id.** Ib. .... " 16.
" 13113. **Id.** Ib. .... " 16.
" 13114. **Id.** Ib. .... " 16.
" 13115. **Id.** Ib. .... " 16.
" 13116. **Id.** Ib. .... " 16.
" 13117. **Id.** Ib. .... " 16.
" 13118. **Id.** Ib. .... " 16.
" 13119. **Id.** Ib. .... " 16.
" 13120. **Id.** Ib. .... " 16.
" 13121. **Id.** Ib. .... " 16.
" 13122. **Id.** Ib. .... " 16.
" 13123. **Id.** Ib. .... " 16.
" 13124. **Id.** Ib. .... " 16.
" 13125. **Id.** Ib. .... " 16.

No. 13126. **Insecte**, de Schernfeld .... A. 16.
" 13127. **Id.** Ib. .... " 16.
" 13128. **Id.** Ib. .... " 16.
" 13129. **Id.** Ib. .... " 16.
" 13130. **Id.** Ib. .... " 16.
" 13131. **Id.** Ib. .... " 16.
" 13132. **Id.** Ib. .... " 16.
" 13133. **Id.** Ib. .... " 16.
" 13134. **Id.** Ib. .... " 16.
" 13135. **Id.** Ib. .... " 16.
" 13136. **Id.** Ib. .... " 16.
" 13137. **Id.** Ib. .... " 16.
" 13177. **Id.** Ib. .... " 16.
" 13178. **Id.** Ib. .... " 16.
" 13179. **Id.** Ib. .... " 16.
" 13180. **Id.** Ib. .... " 16.
" 13181. **Id.** Ib. .... " 16.
" 13182. **Id.** Ib. .... " 16.
" 13183. **Id.** Ib. .... " 16.
" 13184. **Id.** Ib. .... " 16.
" 13185. **Id.** Ib. .... " 16.
" 13186. **Id.** Ib. .... " 16.
" 13187. **Id.** Ib. .... " 16.
" 13188. **Id.** Ib. .... " 16.
" 13189. **Id.** Ib. .... " 16.
" 13190. **Id.** Ib. .... " 16.
" 13191. **Id.** Ib. .... " 16.
" 13192. **Id.** Ib. .... " 16.
" 13207. **Id.** Ib. .... " 13.
" 13208. **Id.** Ib. .... " 13.
" 13209. **Id.** Ib. .... " 13.
" 13210. **Id.** Ib. .... " 13.
" 13211. **Id.** Ib. .... " 13.
" 13212. **Id.** Ib. .... " 13.
" 13213. **Id.** Ib. .... " 13.
" 13214. **Id.** Ib. .... " 13.
" 13298. **Id.** Ib. .... T. 9*e*.
" 13299. **Id.** Ib. .... " 9*e*.
" 13300. **Id.** Ib. .... " 9*e*.
" 13301. **Id.** Ib. .... " 9*e*.
" 13302. **Id.** Ib. .... " 9*e*.
" 13303. **Id.** Ib. .... " 9*e*.

Vertèbrés.

POISSONS.

PLAGIOSTOMES.

RAJIDES.

No. 13248. **Spathobatis bugesiacus** THIOLL.

Voyez:

THIOLLIÈRE, *Sur un nouveau gisement*, p. 21.
THIOLLIÈRE, *Deuxième notice*, p. 21.
THIOLLIÈRE, *Descr. Poiss. foss. de Bugey*, 1me Livr., p. 7, pl. I, II; 2me Livr., pl. I, fig. 2.

de Cirin, Marchampt, Ain...................... T. 11c.

No. 13249. **Belemnobatis Sismondae** THIOLL.

Voyez:

THIOLLIÈRE, *Descr. Poiss. foss. de Bugey*, 1me Livr., p. 8, pl. III, fig. 1; 2me Livr., pl. I, fig. 1.

de Cirin, Marchampt, Ain...................... T. 11c.

No. 13522. **Janassa bituminosa** SCHLOTH. *sp.*

Acrodus larva AG.
Janassa angulata MÜNST.
Janassa Humboldti MÜNST.
Janassa bituminosa MÜNST.
Janassa angulata GERM.
Dictea striata MÜNST.
Janassa dictea MÜNST.

Voyez:

GEINITZ, *Dyas*, T. I, p. 24, pl. IV, fig. 5; pl. V, fig. 1—4.
AGASSIZ, *Poiss. foss.*, T. III, p. 147, 174, 376; pl. XXII, fig. 23, 25.
VON MÜNSTER, *Beiträge*, T. I, p. 114—116, pl. IV, fig. 1, 2; pl. XIV, fig. 4.
GERMAR, *Verst. Mansf Kupf.*, p. 26, fig. 15.
VON MÜNSTER, *Beiträge*, T. III, p. 124, pl. III, IV, fig. 1—3; pl. VIII, fig. 3, 4, 6, 8—10.
VON MÜNSTER, *Beiträge*, T. V, p. 37, pl. XV, fig. 10—14.

du zechstein de Milbitz, Gera................... T. 20c.

SQUATINIDES.

No. 13538. **Thaumas alifer** Münster?
Voyez:
Münster, *Beitr.*, T. V, p. 62, pl. VII, fig. 1.
de Schernfeld.................................. V. 27.

" 13539. **Id.** Ib. .... " 27.

HOLOCÉPHALES.

CHIMÉRIDES.

No. 13228. **Acrodus nobilis** Ag.
Voyez:
Agassiz, *Poiss. foss.*, T. III, p. 145, pl. XXI.
de Lyme Regis.................................. A. 10.

No. 13229. **Chondrosteus accipenseroïdes** Ag.
Voyez:
Agassiz, *Poiss. foss.*, T. II, part. 2, p. 280.
Pictet, *Palaeontogr.*, T. II, p. 225.
de Lyme Regis.................................. A. 8.

No. 13230. **Pachycormus** *sp.*
Voyez:
Agassiz, *Poiss. foss.*, T. I, pl. E, fig. 1; T. II, part. 2, p. 11, 110.
de Holzmaden.................................. A. 10.

No. 13523. **Acrolepis asper** Ag.
Gyrolepis asper Ag.
Acrolepis Dunkeri Münst.
Voyez:
Agassiz, *Poiss. foss.*, T. II, part. 2, p. 81.
Agassiz < *Jahrb.*, p. 473.
Münster, *Beiträge*, T. V, p. 40.
Geinitz, *Dyas*, T. 1, p. 13.
du zechstein de Trebnitz.................................. T. 20c.

No. 13524. **Pygopterus Humboldti** Ag.
Voyez:
Agassiz, *Poiss. foss.*, T. II, part. 2, p. 74, pl. LIV, LV.
Münster, *Beiträge*, T. V, p. 48, pl. V, fig. 1.
Bronn, *Leth. geogn.*, T. II, p. 778, pl. X, fig. 7.
Geinitz, *Dyas*, T. 1, p. 11, pl. VIII, fig. 1—3; pl. XXIII, fig. 2.
du zechstein de Roepsen, Gera.................................. T. 20c.

No. 13525. **Platysomus macrurus** Ag.
Platysomus Fuldai Münst.
Globulobus elegans Münst.
Globulobus macrurus Egert.

Voyez :

Agassiz, *Poiss. foss.*, T. II, p. 170, pl. XVIII, fig. 1.
Münster, *Beiträge*, T. V, p. 45, 47, pl. VI, fig. 1; pl. XV, fig. 7.
Egerton < King, *Mon. Perm. foss.*, p. 227, pl. XXVI, fig. 1a.
Geinitz, *Dyas*, T. I, p. 10; pl. IV, fig. 2.
du zechstein de Trebnitz........................ T. 20c.

GANOIDES RHOMBIFÈRES.

PYCNODONTES.

No. 13106. **Gyrodus giganteus** Winkl. de Schernfeld...... A. 16.
Voyez p. 432.

No. 13257. **Pycnodus Bernardi** Thioll.

Voyez :

Thiollière, *Descr. Poiss. foss. de Bugey*, 1me Livr., p. 17, pl. V.
de Cirin, Marchampt, Ain..................... T. 12c.
» 13258. **Id.** Ib. .... » 12c.

No. 13259. **Pycnodus Wagneri** Thioll.

Voyez :

Thiollière, *Descr. Poiss. foss. de Bugey*, 1me Livr., p. 23, pl. VII, fig. 1.
de Cirin.................................. T. 12c.

No. 13260. **Pycnodus Egertoni** Thioll.

Voyez :

Thiollière, *Descr. Poiss. foss. de Bugey*, 1me Livr., p. 24, pl. VII, fig. 2.
de Cirin.................................. T. 12c.

No. 13310. **Pycnodus** *sp.?* de Schernfeld................ T. 8c.

LÉPIDOSTÉIDES.

No. 13227. **Eugnathus** *sp.*
Voyez:
AGASSIZ, *Poiss. foss.*, T. II, part. 2, p. 97.
de Lyme Regis .... A. 10.

No. 13255. **Macrosemius** *sp.*
de Cirin, Marchampt, Ain .... T. 12c.
" 13256. **Id.** Ib. .... " 12c.
" 13309. **Id.** de Schernfeld .... " 8c.
" 13543. **Id.** Ib. .... " 8c.

No. 13261. **Disticholepis macer?** THIOLLIÈRE?
de Cirin, Marchampt, Ain .... T. 12c.

No. 13542. **Caturus ferox** WINKL.
Voyez p. 434.
WINKLER < *Arch. du Mus. Teyler*, T. III, p. 176, pl. V, fig. 2, 3.
de Schernfeld .... A. 18.
Échantillon original.

No. 10281. **Caturus elongatus** WINKL.
Voyez:
WINKLER < *Arch. du Mus. Teyler*, T. III, p. 178, pl. V, fig. 4—10.
de Schernfeld .... V. 10.
Échantillon original.
" 10282. **Id.** Id. .... " 10.

No. 13107. **Caturus** *sp.* de Schernfeld .... A. 16.
" 13108. **Id.** Ib. .... " 16.
" 13169. **Id.** (ferox)? Ib. .... " 16.
" 13170. **Id.** Ib. .... " 16.
" 13246. **Id.** de Cirin, Marchampt, Ain .... T. 11b.
" 13247. **Id.** Ib. .... " 11b.
" 13311. **Id.** de Schernfeld .... " 8a.
" 13312. **Id.** Ib. .... " 8a.

No. 13221. **Dapedius** *sp.* de Lyme Regis .... A. 10.
" 13222. **Id.** Ib. .... " 10
" 13262. **Id.?** Ib. .... " 10.
" 13263. **Id.?** Ib. .... " 10.

No. 13223. **Pholidophorus Bechei** Ag.

Voyez:

Agassiz, *Poiss. foss.*, T. II, part. 1, p. 272, pl. XXXIX, fig. 1—4.

de Lyme Regis.................................. A. 10.

" 13224. **Id.** Ib. .... " 10.

No. 13225. **Pholidophorus limbatus** Ag.

Voyez:

Agassiz, *Poiss. foss.*, T. II, part. 1, p. 9, 282, pl. XXXVII, fig. 1—5.

de Lyme Regis.................................. A. 10.

No. 13226. **Pholidophorus latiusculus** Ag.

Voyez:

Agassiz, *Poiss. foss.*, T. II, part. 1, p. 9, 287.

de Lyme Regis.................................. A. 10.

No. 13281. **Pholidophorus** *sp.?*

de Holzmaden.................................. A. 10.

No. 13109. **Aethalion** *sp.* de Schernfeld.................................. A. 16.

" 13110. **Id.** Ib. .... " 16.

" 13171. **Id.?** Ib. .... " 16.

No. 13250. **Notagogus imimontis** Thioll.

Voyez:

Thiollière, *Deuxième notice*, p. 29.

Thiollière, *Descr. Poiss. foss. du Bugey*, 2me Livr., p. 15, pl. VI, fig. 3.

de Cirin, Marchampt, Ain.................................. T. 11*e*.

" 13251. **Id.** Ib. .... " 11*e*.

No. 13252. **Pleuropholis?**

de Cirin, Marchampt, Ain.................................. T. 11*e*.

No. 13253. **Belonostomus** *sp.*

de Cirin, Marchampt, Ain.................................. T. 12*c*.

" 13254. **Id.** Ib. .... " 12*c*.

No. 13541. **Belonostomus pygmaeus** Winkl.

Voyez:

Winkler < *Arch. du Mus. Teyler*, T. III, p. 173, pl. V, fig. 1.

de Schernfeld.................................. A. 18.

Échantillon original.

No. 10315. **Aspidorhynchus ornatissimus** Ag.

Voyez p. 440.

Winkler < *Arch. du Mus. Teyler*, T. III, p. 183, pl. V, fig. 11, 12.

de Solenhofen.................................. V. 15.

No. 13304. **Aspidorhynchus** *sp.* Schernfeld................ T. 8*c*.

GANOIDES CYCLIFÈRES.

LEPTOLÉPIDES.

No. 13260. **Coelacanthus harlemensis** Winkl.

Voyez :

Winkler < *Arch. du Mus. Teyl.*, T. III, p. 101, pl. IV.

de Schernfeld.................................. A. 16.

Échantillon original.

No. 13242. **Thrissops Regleyi** Thioll.

Voyez :

Thiollière, *Descr. Poiss. foss. du Bugey*, 1me Livr., p. 27, pl. X, fig. 2; 2me Livre, p. 23.

de Cirin, Marchampt, Ain.......... .... T. 11*b*.

" 13243. **Id.** Ib. .... " 11*b*.

" 13244. **Id.** Ib. .... " 11*b*.

" 13245. **Id.** Ib. .... " 11*b*.

No. 10331. **Leptolepis grandis** Winkl.

Voyez :

Winkler < *Arch. du Mus. Teyler*, T. III, p. 183, pl. V, fig. 13, 14.

de Schernfeld.................................. V. 16.

Échantillon original.

No. 6789. **Leptolepis Voithi** Ag. .... A. 17.

Voyez p. 442.

No. 6784. **Leptolepis dubius** Ag. de Solenhofen........... A. 13.

" 6785. **Id.** Ib. .... " 13.

" 6786. **Id.** Ib. .... " 13.

No. 13172. **Leptolepis** *sp.* de Schernfeld .... A. 16.
" 13173. **Id.** Ib. .... " 16.
" 13174. **Id.** Ib. .... " 16.
" 13175. **Id.** Ib. .... " 16.
" 13176. **Id.** Ib. .... " 16.
" 13236. **Id.** *sp.* de Cirin, Marchampt, Ain .... T. 11*b*.
" 13237. **Id.** Ib. .... " 11*b*.
" 13238. **Id.** Ib. .... " 11*b*.
" 13239. **Id.** Ib. .... " 11*b*
" 13240. **Id.** Ib. .... " 11*b*.
" 13241. **Id.** Ib. .... " 11*b*.
" 13305. **Id.** de Schernfeld .... " 8*c*.
" 13306. **Id.** Ib. .... " 8*c*.
" 13307. **Id.** Ib. .... " 8*c*.
" 13308. **Id.** Ib. .... " 8*c*.

No. 13526. **Poisson** *sp.* du zechstein de Trebnitz .... T. 20*c*.
" 13544. **Id.** de Maestricht .... V. 27.
" 2548. **Id.** *à déterminer* .... A. 10.
" 2549. **Id.** Ib. .... " 10.
" 2550. **Id.** Ib. .... " 10.
" 2551. **Id.** Ib. .... " 10.
" 2771. **Id.** Ib. .... " 10.
" 9732. **Id.** Ib. .... " 10.
" 9733. **Id.** Ib. .... " 10.
" 9740. **Id.** Ib. .... " 10.
" 2755. **Id.** Ib. .... " 10.
" 2756. **Id.** Ib. .... " 10.
" 2757. **Id.** Ib. .... " 10.
" 2759. **Id.** Ib. .... " 10.
" 2763. **Id.** Ib. .... " 10.
" 2764. **Id.** Ib. .... " 10.
" 2765. **Id.** Ib. .... " 10.
" 2766. **Id.** Ib. .... " 10.
" 2769. **Id.** Ib. .... " 10.
" 2770. **Id.** Ib. .... " 10.

No. 13527. **Coprolithe** du zechstein de Trebnitz .... T. 20*c*.
" 13528. **Id.** Ib. .... " 20*c*.
" 13529. **Id.** Ib. de Tinz, Gera .... " 20*c*.

REPTILES.

ICHTHYOSAURIENS.

No. 13286. **Plesiosaurus dolichodeirus** CONYB.

Voyez:

WINKLER, *Arch. d. Mus. Teyl.*, T. III, p. 219, pl. VI.

Échantillon original.

de Lyme Regis .... V. 28.

SAURIENS.

CROCODILIENS.

No. 13287. **Mystriosaurus** *sp.*

de Holzmaden .... au Musée.

" 13288. **Id.** Ib. .... V. 26.

PTÉRODACTYLIENS.

No. 13104. **Pterodactylus micronyx** v. MEYER.

Voyez:

WINKLER < *Arch. du Mus. Teyler*, T. III, p. 84, pl. III.

Échantillon original.

de Schernfeld .... V. 21.

No. 13105. **Pterodactylus Kochi** WAGN.

Voyez:

WINKLER < *Arch. du Mus. Teyl.*, T. III, p. 377, pl. VIII.

Échantillon original.

de Schernfeld .... V. 21.

No. 13193. **Impressions des pieds d'un Ptérodactyle?**

de Solenhofen .... A. 16.

" 13194. **Id.** Ib. .... " 16.

" 13195. **Id.** Ib. .... " 16.

" 13196. **Id.** Ib. .... " 16.

No. 13540. **Doigt de Rhamphorhynchus** *sp.*

de Schernfeld .... T. 8*a*.

CHÉLONIENS.

THALASSITES.

No. 1353. **Chelonia Hofmanni** Gray.
Cheloneа cretacea v. Meyer.

Voyez:

Gray, *Synopsis Rept.*, p. 54.
Camper < *Phil. Transact.* 1786, T. LXXVI, p. 443.
Faujas St. Fond, *Hist. Mont. St. Pierre*, p. 61, pl. XII—XVII.
Cuvier, *Oss. foss.*, T. V, part. 2, p. 239, pl. XIV, fig. 1, 2, 3, 5, 6.
Cuvier < *Ann. du Mus.*, T. XIV, p. 235, pl. XVIII, fig. 1, 2, 3, 5, 6.
Keferstein, *Naturgesch.*, T. II, p. 253.
Winkler < *Arch. du Mus. Teyl.*, T. II, p. 25.

Fragment de la carapace. — de Nedercanne. V. 27*b*.

" 3949. **Id.** Fragment de la colonne vertébrale. de Maestricht. " 27*d*.
de la collection de Henkelius.

Voyez:

Winkler < *Arch. du Mus. Teyl.*, T. II, p. 33, pl. X, fig. 26.

" 5225. **Id.** Pièce marginale de la carapace. de Nedercanne. V. 27*b*.

Voyez:

Winkler < *Arch. du Mus. Teyl.*, T. II, p. 23.

" 5226. **Id.** Pièce marginale de la carapace. Ib. " 27*b*.

Voyez:

Winkler < *Arch. du Mus. Teyl.*, T. II, p. 23.

" 5239. **Id.** Pièce marginale de la carapace. Ib. " 27*b*.

Voyez:

Winkler < *Arch. du Mus. Teyl.*, T. II, p. 23.

" 5253. **Id.** Pièce marginale de la carapace. Ib. " 27*b*

Voyez:

Winkler < *Arch. du Mus. Teyl.*, T. II, p. 23.

" 7430. **Id.** De la carapace............ de Maestricht. " 27*c*.
de la collection de Drouin.

Voyez:

Winkler < *Arch. du Mus. Teyl.*, T. II, p. 25.

No. 7431. **Chelonia Hofmanni** Gray.
Fragment d'une pièce hyposternale.
de Maestricht. V. 27*d*.
de la collection de Drouin.

Voyez:

Winkler < *Arch. du Mus. Teyl.*, T. II, p. 29, pl. VI, fig. 18.

〃 7432. **Id.** L'omoplate et l'acromion. Ib. V. 27*e*.
de la collection de Drouin.

Voyez:

Winkler < *Arch. du Mus. Teyl.*, T. II, p. 36, pl. X, fig. 31.

〃 7434. **Id.** Pièce marginale.......... Ib. V. 27*e*.
de la collection de Drouin.

Voyez:

Winkler < *Arch. du Mus. Teyl.*, T. II, p. 22.

〃 7451. **Id.** Carapace avec l'extrémité postérieure.
Ib. V. 27*d*.
de la collection de Van den Ende.

Voyez:

Winkler < *Arch. du Mus. Teyl.*, T. II, p. 13, pl. II, fig. 2.

〃 7452. **Id.** Fragment de la carapace avec une partie du bord.......................... Ib. V. 27*f*.
de la collection de Van den Ende.

Voyez:

Winkler < *Arch. du Mus. Teyl.*, T. II, p. 15, pl. III, fig. 3.

〃 7453. **Id.** Mâchoire inférieure...... Ib. V. 27*f*.
de la collection de Drouin.

Voyez:

Winkler < *Arch. du Mus. Teyl.*, T. II, p. 32, pl. VI, fig. 22.

〃 7455. **Id.** Fragment du bord de la carapace.
Ib. V. 27*f*.
de la collection de Drouin.

Voyez:

Winkler < *Arch. du Mus. Teyl.*, T. II, p. 22.

〃 7456. **Id.** Cinquième pièce marginale. Ib. 〃 27*b*.
de la collection de Drouin.

Voyez:

Winkler < *Arch. du Mus. Teyl.*, T. II, p. 22.

No. 7457. **Chelonia Hofmanni** Gray.
De la carapace.................. de Maestricht. V. 27*b*.
de la collection de Drouin.
Voyez:
Winkler < *Arch. du Mus. Teyl.*, T. II, p. 22.

" 9346. **Id.** Os mastoïdien............. Ib. V. 27*b*.
Voyez:
Winkler < *Arch. du Mus. Teyl.*, T. II, p. 32, pl. IX, fig. 25.

" 11216. **Id.** Os coracoïdien........... Ib. V. 27*a*.
Voyez p. 465.
Winkler < *Arch. du Mus. Teyl.*, T. II, p. 34, pl. X, fig. 27.

" 11259. **Id.** Pièce marginale de la carapace.
Ib. V. 27*d*.
de la collection de Henckelius.
Voyez:
Winkler < *Arch. du Mus. Teyl.*, T. II, p. 22.

" 11263. **Id.** Fragment d'une pièce hyposternale.
Ib. V. 27*d*.
de la collection de Henckelius.
Voyez:
Winkler < *Arch. du Mus. Teyl.*, T. II, p. 30, pl. VI, fig. 19; pl. VIII, *hp*¹.

" 11264. **Id.** Fragment d'une pièce hyposternale.
Ib. V. 27*d*.
de la collection de Thierens.
Voyez:
Winkler < *Arch. du Mus. Teyl.*, T. II, p. 29, pl. VI, fig. 17; pl. VIII, *h*¹.

" 11265. **Id.** Pièce costale.............. Ib. V. 27*d*.
de la collection de Henckelius.
Voyez:
Winkler < *Arch. du Mus. Teyl.*, T. II, p. 25.

" 11266. **Id.** Fragment du bord de la carapace.
Ib. V. 27*d*.
de la collection de Henckelius.
Voyez:
Winkler < *Arch. du Mus. Teyl.*, T. II, p. 21.

" 11267. **Id.** Pièce vertébrale.......... Ib. V. 27*d*.
de la collection de Henckelius.
Voyez:
Winkler < *Arch. du Mus. Teyl.*, T. II, p. 24, pl. IV, fig. 7.

No. 11268. **Chelonia Hofmanni** Gray.
Pièce vertébrale.............. de Maestricht. V. 27*d*.
de la collection de Henckelius.

Voyez:

Winkler < *Arch. du Mus. Teyl.*, T. II, p. 24.

" 11269. **Id.** La tête..................... Ib. V. 27*d*.
de la collection de Henckelius.

Voyez:

Winkler < *Arch. du Mus. Teyl.*, T. II, p. 31, pl. IX, fig. 23.

" 11271. **Id.** Os du carpe.............. Ib. V. 27.

Voyez p. 467.

Winkler < *Arch. du Mus. Teyl.*, T. II, p. 37, pl. XI, fig. 34.

" 11275. **Id.** Fragment de la carapace. Ib. V. 27*d*.
de la collection de Henckelius.

Voyez:

Winkler < *Arch. du Mus. Teyl.*, T. II, p. 32.

" 11276. **Id.** Os coracoïdien........... Ib. V. 27*d*.

Voyez p. 468.

Winkler < *Arch. du Mus. Teyl.*, T. II, p. 35, pl. X, fig. 28.

" 11277. **Id.** Fragment de la carapace. Ib. V. 27*e*.
de la collection de Henckelius.

Voyez:

Winkler < *Arch. du Mus. Teyl.*, T. II, p. 18, pl. III, fig. 4.

" 11281. **Id.** Fragment du bord de la carapace.
Ib. V. 27*e*.
de la collection de Henckelius.

Voyez:

Winkler < *Arch. du Mus. Teyl.*, T. II, p. 22.

" 11282. **Id.** Fragment de l'os tibia.... Ib. V. 27*f*.
de la collection de Henckelius.

Voyez:

Winkler < *Arch. du Mus. Teyl.*, T. II, p. 39, pl. XI, fig. 37.

" 11284. **Id.** Fragment de l'omoplate et de l'acromion........................... Ib. V. 27*e*.
de la collection de Henckelius.

Voyez:

Winkler < *Arch. du Mus. Teyl.*, T. II, p. 36.

No. 11285. **Chelonia Hofmanni** GRAY.
Fragment du bord de la carapace.
de Maestricht. V. 27*d*.
du cabinet de P. Camper.
Voyez:
WINKLER < *Arch. du Mus. Teyl.*, T. II, p. 22.

" 11286. **Id.** Fragment du bord........ Ib. V. 27*d*.
de la collection de Henckelius.
Voyez:
WINKLER < *Arch. du Mus. Teyl.*, T. II, p. 21.

" 11288. **Id.** Fragment du bord de la carapace.
Ib. V. 27*f*.
de la collection de Henckelius.
Voyez:
WINKLER < *Arch. du Mus. Teyl.*, T. II, p. 22.

" 11289. **Id.** Carapace.................. Ib. V. 27*f*.
du cabinet de P. Camper.
Échantillon original.
Voyez:
WINKLER < *Arch. du Mus. Teyl.*, T. II, p. 7, pl. 1, fig. 1.

" 11290. **Id.** Fragment de la mâchoire inférieure.
Ib. V. 27*d*.
du cabinet de P. Camper.
Voyez:
WINKLER < *Arch. du Mus. Teyl.*, T. II, p. 32, pl. VI, fig. 21.

" 11291. **Id.** Pubis avec un fragment de l'ischion.
Ib. V. 27*d*.
Voyez:
WINKLER < *Arch. du Mus. Teyl.*, T. II, p. 37, pl. XI, fig. 36.

" 11294. **Id.** Cubitus.................. Ib. V. 27*f*.
de la collection de Henckelius.
Voyez:
WINKLER < *Arch. du Mus. Teyl.*, T. II, p. 37, pl. XI, fig. 33.

" 11295. **Id.** Omoplate et acromion.... Ib. V. 27*e*.
de la collection de Henckelius.
Voyez:
WINKLER < *Arch. du Mus. Teyl.*, T. II, p. 36, pl. X, fig. 30.

" 11296. **Id.** Entosternal............ Ib. V. 27*f*.
de la collection de Henckelius.
Voyez:
WINKLER < *Arch. du Mus. Teyl.*, T. II, p. 28, pl. VI, fig. 14; pl. VIII.

No. 11299. **Chelonia Hofmanni** Gray.
Fragment du bord........... de Maestricht. V. 27*e*.
de la collection de Henckelius.

Voyez:

Winkler < *Arch. du Mus. Teyl.*, T. II, p. 22, pl. V, fig. 13.

" 11300. **Id.** L'omoplate et l'acromion. Ib. V. 27*e*.
du cabinet de P. Camper.

Voyez:

Winkler < *Arch. du Mus. Teyl.*, T. II, p. 36, pl. X, fig. 29.

" 11301. **Id.** Fragment de l'omoplate et de l'acromion.
Ib. V. 27*e*.
de la collection de Henckelius.

Voyez:

Winkler < *Arch. du Mus. Teyl.*, T. II, p. 36.

" 11302. **Id.** Fragment de l'entosternal. Ib. V. 27*e*.
de la collection de Henckelius.

Voyez:

Winkler < *Arch. du Mus. Teyl.*, T. II, p. 29, pl. VI, fig. 15.

" 11303. **Id.** Fragment d'une pièce marginale.
Ib. V. 27*f*.
de la collection de Henckelius.

Voyez:

Winkler < *Arch. du Mus. Teyl.*, T. II, p. 23.

" 11304. **Id.** Le radius................ Ib. V. 27*f*.
de la collection de Henckelius.

Voyez:

Winkler < *Arch. du Mus. Teyl.*, T. II, p. 36, pl. XI, fig. 32.

" 11305. **Id.** Fragment d'un os (*acromion?*). Ib. V. 27*f*.
de la collection de Henckelius.

Voyez:

Winkler < *Arch. du Mus. Teyl.*, T. II, p. 36.

" 11306. **Id.** Fragment de la carapace. Ib. V. 27*e*.
de la collection de Henckelius.

Voyez:

Winkler < *Arch. du Mus. Teyl.*, T. II, p. 25.

" 11311. **Id.** La pièce nuchale....... Ib. V. 27*d*.
du cabinet de P. Camper.

Voyez:

Winkler < *Arch. du Mus. Teyl.*, T. II, p. 28, pl. IV, fig. 8.

No. 11332. **Chelonia Hofmanni** Gray.
Fragment du bord......... de Maestricht. V. 27*e*.
de la collection de Henckelius.
Voyez:
Winkler < *Arch. du Mus. Teyl.*, T. II, p. 22.

„ 11335. **Id.** Fragment du bord...... Ib. V. 27*d*.
de la collection de Henckelius.
Voyez:
Winkler < *Arch. du Mus. Teyl.*, T. II, p. 21.

„ 11336. **Id.** Fragment de la carapace. Ib. V. 27*e*.
de la collection de Henckelius.
Voyez:
Winkler < *Arch. du Mus. Teyl.*, T. II, p. 25.

„ 11337. **Id.** Fragment de la carapace. Ib. V. 27*e*.
de la collection de Henckelius.
Voyez:
Winkler < *Arch. du Mus. Teyl.*, T. II, p. 23.

„ 11338. **Id.** Pièce hyosternale....... Ib. V. 27*e*.
de la collection de Henckelius.
Voyez:
Winkler < *Arch. du Mus. Teyl.*, T. II, p. 29, pl. VI, fig. 16.

„ 11339. **Id.** Fragment du bord de la carapace.
Ib. V. 27*e*.
de la collection de Henckelius.
Voyez:
Winkler < *Arch. du Mus. Teyl.*, T. II, p. 22.

„ 11351. **Id.** Fragment du bord de la carapace.
Ib. V. 27*f*.
de la collection de Henckelius.
Voyez:
Winkler < *Arch. du Mus Teyl.*, T. II, p. 23.

„ 11352. **Id.** Fragment du bord de la carapace.
Ib. V. 27*f*.
de la collection de Henckelius.
Voyez:
Winkler < *Arch. du Mus. Teyl.*, T. II, p. 23.

„ 11353. **Id.** Fragment du bord de la carapace.
Ib. V. 27*f*.
de la collection de Henckelius.
Voyez:
Winkler < *Arch. du Mus. Teyl.*, T. II, p. 23.

No. 11354. **Chelonia Hofmanni** GRAY.
Fragment du bord de la carapace.
de la collection de Henckelius. de Maestricht. V. 27*f*.
Voyez:
WINKLER < *Arch. du Mus. Teyl.*, T. II, p. 23.

″ 11355. **Id.** Fragment du bord de la carapace.
de la collection de Henckelius. Ib. V. 27*f*.
Voyez:
WINKLER < *Arch. du Mus. Teyl.*, T. II, p. 23.

″ 11356. **Id.** Fragment d'une pièce marginale.
de la collection de Henckelius. Ib. V. 27*f*.
Voyez:
WINKLER < *Arch. du Mus. Teyl.*, T. II, p. 23.

″ 11357. **Id.** Le bord antérieur de la carapace.
de la collection de Henckelius. Ib. V. 27*f*.
Voyez:
WINKLER < *Arch. du Mus. Teyl.*, T. II, p. 24, pl. IV, fig. 9.

″ 11359. **Id.** La moitié du bord de la carapace.
du cabinet de P. Camper. Ib. V. 27*e*.
Voyez:
WINKLER < *Arch. du Mus. Teyl.*, T. II, p. 19, pl. V, fig. 10.

″ 11360. **Id.** Un bloc avec un fragment de la carapace.
de la collection de Henckelius. Ib. V. 27*d*.
Voyez:
WINKLER < *Arch. du Mus. Teyl.*, T. II, p. 19, pl. IV, fig. 5.

″ 11361. **Id.** Fragment d'une pièce marginale.
de la collection de Henckelius. Ib. V. 27*f*.
Voyez:
WINKLER < *Arch. du Mus. Teyl.*, T. II, p. 22.

″ 11362. **Id.** Fragment du bord de la carapace.
de Fauquemont. V. 27*f*.
Voyez:
WINKLER < *Arch. du Mus. Teyl.*, T. II, p. 22.

No. 11360. **Chelonia Hofmanni** Gray.
Fragment du bord de la carapace.
de Fauquemont. V. 27*f*.
de la collection de Thierens.
Voyez:
Winkler < *Arch. du Mus. Teyl.*, T. II, p. 23.

" 11373. **Id.** Fragment du bord de la carapace.
Ib. V. 27*f*.
de la collection de Thierens.
Voyez:
Winkler < *Arch. du Mus. Teyl.*, T. II, p. 23.

" 11390. **Id.** Fragment du bord extérieur d'une pièce hyposternale.................... de Maestricht. V. 27.
Voyez:
Winkler < *Arch. du Mus. Teyl.*, T. II, p. 30, pl. VI, fig. 20.

" 11392. **Id.** Du bord de la carapace. Ib. V. 27*f*.
du cabinet de P. Camper.
Voyez:
Winkler < *Arch. du Mus. Teyl.*, T. II, p. 23.

" 11393. **Id.** Fragment du bord de la carapace.
de Fauquemont. V. 27*f*.
de la collection de Thierens.
Voyez:
Winkler < *Arch. du Mus. Teyl.*, T. II, p. 23.

" 11395. **Id.** Fragment du bord de la carapace.
Ib. V. 27*f*.
de la collection de Thierens.
Voyez:
Winkler < *Arch. du Mus. Teyl.*, T. II, p. 23.

" 11397. **Id.** Extrémité postérieure du bord.
de Maestricht. V. 27*c*.
de la collection de Thierens.
Voyez:
Winkler < *Arch. du Mus. Teyl*, T. II, p. 24, pl. V, fig. 12.

" 11399. **Id.** Os vomer.................. Ib. V. 27*d*.
Voyez:
Winkler < *Arch. du Mus. Teyl.*, T. II, p. 32, pl. IX, fig. 24.

" 11400. **Id.** Fragment du bord. ... de Fauquemont. V. 27*f*.
de la collection de Thierens.
Voyez:
Winkler < *Arch. du Mus. Teyl.*, T. II, p. 23.

No. 11401. **Chelonia Hofmanni** Gray.
Pièce marginale............ de Maestricht. V. 27f.
de la collection de Thierens.

Voyez:

Winkler < *Arch. du Mus. Teyl.*, T. II, p. 22.

" 13264.	**Id.**	.... de Nedercanne.	V.	27.
" 13265.	**Id.**	.... Ib.	"	27.
" 13266.	**Id.**	.... Ib.	"	27.
" 13267.	**Id.**	.... Ib.	"	27.
" 13268.	**Id.**	.... Ib.	"	27.
" 13269.	**Id.**	.... Ib.	"	27.
" 13270.	**Id.**	.... Ib.	"	27.
" 13271.	**Id.**	.... Ib.	"	27.
" 13272.	**Id.**	.... Ib.	"	27.
" 13273.	**Id.**	.... Ib.	"	27.
" 13274.	**Id.**	.... Ib.	"	27.
" 13275.	**Id.**	.... Ib.	"	27.
" 13276.	**Id.**	.... Ib.	"	27.
" 13277.	**Id.**	.... Ib.	"	27.
" 13278.	**Id.**	.... Ib.	"	27.

PÉRIODE CAINOZOÏQUE.

ANIMAUX.

Articulés.

ANNÉLIDES.

ANNÉLIDES TUBICOLES.

No. 7971.	**Serpula?**	du bruxellien	A.	27.
" 7972.	**Id.**	Ib.	"	27.
" 7973.	**Id.**	Ib.	"	27.
" 7974.	**Id.**	Ib.	"	27.
" 7975.	**Id.**	Ib.	"	27.
" 7976.	**Id.**	Ib.	"	27.

Poissons.

PLACOIDES.

PLAGIOSTOMES.

MYLIOBATIDES.

No. 13575. **Myliobatis** *sp.*
du bruxellien d'Etterbeek .... A. 29.
» 13576. **Id.** Ib. de Callevoet........................ » 29.

PRISTIDES.

No. 13577. **Pristis Lathami** Gal.
Voyez:
Galeotti, *Brab.*, p. 136, pl. II, fig. 1.
du bruxellien d'Etterbeek .... A. 29.

CESTRACIONTES.

No. 13557. **Cestracion Duponti** Winkl.
Voyez:
Winkler < *Arch. du Mus. Teyl.*, T. IV, p. 17, pl. II, fig. 1—3.
du bruxellien de Woluwe St. Lambert............ A. 29.

No. 13555. **Plicodus Thielensis** Winkl.
Voyez:
Winkler < *Arch. du Mus. Teyl.*, T. III, p. 300, pl. VII. fig. 5; T. IV, p. 20.
du bruxellien de Woluwe St. Lambert..... .... A. 29.

SQUALIDES.

No. 13545. **Lamna elegans** Ag.
Voyez:
Agassiz, *Poiss. foss.*, T. III, p. 289, pl. XXXV, fig. 1—7; pl. 37*a*, fig. 58, 59.
du bruxellien de Woluwe St. Lambert............ A. 29.
» 13546. **Id.** Ib. de St. Gilles........................ » 29.

No. 13587. **Lamna elegans** Ag.
du bruxellien d'Etterbeek.......................... A. 29.
" 13588. **Id.** Ib. de St. Josse ten Noode.............. " 29.
" 13589. **Id.** Ib. d'Uccle.................................. " 29.

No. 13551. **Lamna gracilis** Ag.
Voyez:
Agassiz, *Poiss. foss.*, T. III, p. 295, pl. XXXVII*a*, fig. 2—4.
Winkler < *Arch. du Mus. Teyl.*, T. III, p. 298, pl. VII, fig. 3.
du bruxellien de Woluwe St. Lambert............ A. 29.
" 13552. **Id.** Ib. d'Etterbeek.............................. " 29.

No. 13583. **Lamna contortidens** Ag.
Voyez:
Agassiz, *Poiss. foss.*, T. III, p. 294, pl. XXXVII*a*, fig. 17—23.
du bruxellien de Callevoet.............................. A. 29.

No. 13584. **Lamna verticalis** Ag.
Voyez:
Agassiz, *Poiss. foss.*, T. III, p. 294, pl. XXXVII*a*, fig. 41—32.
du bruxellien de Callevoet.............................. A. 29

No. 13585. **Lamna (Odontaspis) Hopei** Ag.
Voyez:
Agassiz, *Poiss. foss.*, T. III, p. 293, pl. XXXVII*a*, fig. 27—30.
du bruxellien de Callevoet.............................. A. 29.
" 13586. **Id.** Ib. de Woluwe St. Lambert.............. " 29.

No. 13590. **Lamna** *sp.* du bruxellien de Schaerbeek........... A. 29.
" 13591. **Id.** *sp.* Ib. d'Etterbeek.................... " 29.

No. 13561. **Oxyrhina nova** Winkl.
Voyez:
Winkler < *Arch. du Mus. Teyl.*, T. IV, p. 20, pl. II, fig. 8.
du bruxellien de Woluwe St. Lambert.............. A. 29.
" 13562. **Id.** Ib. d'Etterbeek.............................. " 29.

No. 13598. **Oxyrhina** *sp.* du bruxellien d'Uccle............. A. 29.
" 13599. **Id.** *sp.* du laekenien de Wemmel près Jette St. Pierre. " 29.

No. 13549. **Otodus minutissimus** WINKL.
Voyez:
WINKLER < *Arch. du Mus. Teyl*, T. III, p. 297, pl. VII, fig. 2; T. IV, p. 23.
du bruxellien de Woluwe St. Lambert .... A. 29.
„ 13550. **Id.** Ib. d'Etterbeek .... „ 29.

No. 13563. **Otodus Vincenti** WINKL.
Voyez:
WINKLER < *Arch. du Mus. Teyl.*, T. IV, p. 25, pl. II, fig. 9, 10.
du bruxellien de Woluwé St. Lambert .... A. 29.
„ 13564. **Id.** Ib. de Callevoet .... „ 29.
„ 13565. **Id.** Ib. de St. Josse ten Noode .... „ 29.
„ 13566. **Id.** Ib. d'Etterbeek .... „ 29.

No. 13592. **Otodus macrotus** AG.
Voyez:
AGASSIZ, *Poiss. foss.*, T. III, p. 273, pl. 32, fig. 29—31.
du bruxellien de Schaerbeek .... A. 29.
„ 13593. **Id.** Ib. d'Etterbeek .... A. 29.
„ 13594. **Id.** Ib. de Woluwe St. Lambert .... „ 29.

No. 13595. **Otodus obliquus** AG.
Voyez:
AGASSIZ, *Poiss. foss.*, T. III, p. 267, pl. 31, 36, fig. 22—27.
du bruxellien de St. Gilles .... A. 29.

No. 13596. **Otodus** *sp.* du bruxellien de Callevoet .... A. 29.
„ 13597. **Id.** *sp.* **nov.?** d'Etterbeek .... „ 29.

No. 13547. **Galeocerdo recticonus** WINKL.
Voyez:
WINKLER < *Arch. du Mus. Teyl.*, T. III, p. 296, pl. VII, fig. 1; T. IV, p. 26.
du bruxellien de Woluwe St. Lambert .... A. 29.
„ 13548. **Id.** Ib. d'Etterbeek .... „ 29.

No. 13579. **Galeocerdo** *sp.*
du bruxellien de Woluwe St. Lambert .... A. 29.
„ 13580. **Id.** Ib. de Callevoet .... „ 2.
„ 13581. **Id.** Ib. d'Etterbeek .... „ 29.
„ 13582. **Id.** du laekenien du hameau de Heyzel près Laeken.. „ 29.

No. 13553. **Corax fissuratus** Winkl.

Voyez:

Winkler < *Arch. du Mus. Teyl.*, T. III, p. 299, pl. VII fig. 4; T. IV, p. 27, pl. II, fig. 11, 12.

du bruxellien de Callevoet........................ A. 29.

" 13554. **Id.** Ib. d'Uccle........................... " 29.

No. 13600. **Carcharodon heterodon** Ag.

Voyez:

Agassiz, *Poiss. foss.*, T. III, p. 258, pl. XXVIII, fig. 11—16.

du bruxellien d'Etterbeek........................ A. 29.

No. 13558. **Trigonodus secundus** Winkl.

Voyez:

Winkler < *Arch. du Mus. Teyl.*, T. IV, p. 20, pl. II, fig. 4, 5.

du bruxellien de Woluwe St. Lambert............. A. 29.

" 13559. **Id.** Ib. d'Etterbeek.................... " 29.

No. 13560. **Trigonodus tertius** Winkl.

Voyez:

Winkler < *Arch. du Mus. Teyl.*, T. IV, p. 21, pl. II, fig. 6, 7.

du bruxellien de Callevoet........................ A. 29.

GANOIDES RHOMBIFÈRES.

PYCNODONTES.

No. 13572. **Pycnodus toliapicus** Ag.

Voyez:

Agassiz, *Poiss. foss.*, T. II, part. 2, p. 196, pl. LXXII*a*, fig. 56—58.

du bruxellien d'Uccle........................... A. 29.

" 13573. **Id.** *sp.* du bruxellien de Callevoet................

No. 13574. **Gyrodus sphaerodus** Ag.?

du bruxellien de Callevoet........................ A. 29.

No. 13569. **Enchodus Bleekeri** WINKL.
Voyez:
WINKLER < *Arch. du Mus. Teyl.*, T. IV, p. 43, pl. II, fig. 24, 25.
du bruxellien de Callevoet . . . . A. 29.
" 13570. **Id.** Ib. de Woluwe St. Lambert . . . . " 29.
" 13571. **Id.** Ib. d'Etterbeek . . . . " 29.

No. 13567. **Phyllodus Deborrei** WINKL.
Voyez:
WINKLER < *Arch. du Mus. Teyl.*, T. IV, p. 28, pl. 2, fig. 14—18.
du bruxellien de Callevoet . . . . A. 29.
" 13568. **Id.?** Ib. de St. Gilles . . . . " 29.

CYCLOIDES ACANTHOPTÉRYGIENS.

SCOMBÉROIDES.

No. 13556. **Trichiurides sagittidens** WINKL.
Voyez:
WINKLER < *Arch. du Mus. Teyl.*, T. III, p. 302, pl. VII, fig. 6; T. IV, p. 31, pl. II, fig. 22, 23.
du bruxellien de Woluwe St. Lambert . . . . A. 29.

No. 13206. **Palaeophrynchum** *sp.* de Glarus . . . . A. 21.

No. 13203. **Palimphyes** *sp.* de Glarus . . . . A. 21.
" 13204. **Id.** Ib. . . . . " 21.
" 13205. **Id.** Ib. . . . . " 21.

No. 13197. **Anenchelum** *sp.* de Glarus . . . . A. 21.
" 13198. **Id.** Ib. . . . . " 21.
" 13199. **Id.** Ib. . . . . " 21.
" 13200. **Id.** Ib. . . . . " 21.
" 13201. **Id.** Ib. . . . . " 21.
" 13202. **Id.** Ib. . . . . " 21.

No. 13578. **Rayons de nageoire?**
du bruxellien d'Etterbeek . . . . A. 29.

No. 13601. **Dents de poisson?** du bruxellien de Callevoet . . . . A. 29.

No. 13602. **Vertèbres de poisson** du bruxellien d'Etterbeek. A. 29.
" 13603. **Id.** Ib. Ib. " 29.
" 13604. **Id.** Ib. Ib. " 29.

No. 13605. **Restes de poissons?** du bruxellien d'Etterbeek . . . A. 29.

REPTILES.

OPHIDIENS.

No. 13606. **Vertèbres de Palaeophis typhaeus** OWEN?
du bruxellien d'Etterbeek........................ A. 29.

CHÉLONIENS.

ÉLODITES.

No. 8445. **Chelydra Murchisoni** BELL.
Testudo orbicularis KARG.
Testudo indica MURCHISON.
Chelydra oeningensis BELL.
Clemmys? Kargii FITZINGER.
Hydraspis oeningensis FITZINGER.

Voyez:

BELL < *Proc. Lond. Geol. Soc.* 1831—1832, p. 342.
BELL < *Phil. Mag.* 1832, T. XI, p. 281.
BELL < *Lond. Geol. Trans.* 2 ser. T. IV, p. 279, pl. XXIV.
KARG < *Denkschr. Naturf. Schwab.*, p. 28.
MURCHISON < *Lond. Geol. Trans.*, 2 ser. T. III, p. 281.
FITZINGER < *Ann. Wien. Mus.*, T. I, p. 107.
v. MEYER, *Zur Faun. d. Vorw. Oeningen*, p. 12, pl. XI, XII.
WINKLER < *Arch. du Mus. Teyl.*, T. II, p. 80, pl. XVI, fig. 54.

d'Oeningen.................................... A. 24.

No. 8447. **Chelydra Murchisoni** BELL.

Voyez:

WINKLER < *Arch. du Mus. Teyl.*, T. II, p. 90, pl. XVIII, fig. 57.

d'Oeningen.................................... A. 24.

" 8483. **Id.** Ib. .... " 24.

Voyez:

WINKLER < *Arch du Mus. Teyl.*, T. II, p. 86, pl. XVII, fig. 56.

No. 8446. **Tryonix Teyleri** WINKL.

Voyez:

WINKLER < *Arch. du Mus. Teyl*, T. II, p. 73, pl. XV, fig. 51.

Échantillon original.

d'Oeningen.................................... A. 24.

No. 8592. **Testudo (Emys) hemispherica** LEIDY.

Voyez :

LEIDY < *Proc. Acad. Nat. Sc.*, 1851, T. V, p. 172; 1852, T. VI, p. 59.
LEIDY, *Anc. Fauna of Nebraska*, p. 103, pl. XIX.
WINKLER < *Arch. du Mus. Teyl.*, T. II, p. 146, pl. XXXI, XXXII, XXXIII.

du terrain eocène des Mauvaises Terres, Nebraska . . . A. 27.

No. 8448. **Emys scutella** VON MEYER.

Voyez :

H. VON MEYER, *Zur Fauna d. Vorwelt, Oeningen*, p. 15, pl. VII, fig. 2.
WINKLER < *Arch. du Mus. Teyl.*, T. II, p. 101, pl. XXI, fig. 63.

d'Oeningen. . . . . A. 24.

" 8449. **Id.** Ib. . . . . " 24.

Voyez :

WINKLER < *Arch. du Mus. Teyl.*, T. II, p. 106, pl. XXII, fig. 66.

No. 8450. **Pleurosternon ovatum** OWEN.

Voyez :

OWEN < *Palaeont. Soc.*, 1853, part. 4, pl. VII.
WINKLER < *Arch. du Mus. Teyl.*, T. II, p. 111, pl. XXIII, fig. 67.

des Purbeck Beds d'Angleterre. A. 26.

No. 8451. **Emys Camperi** GRAY.
Emys Cuvieri GAL.

Voyez :

GRAY, *Syn. rept.*, p. 33.
BURTIN, *Oryctographie de Bruxelles*, p. 92, pl. V.
FAUJAS ST. FOND, *Hist. Mont. St. Pierre*, p. 68.
CUVIER, *Ossem. foss.*, T. V, part. 2, p. 236, pl. XV, fig. 16.
CUVIER < *Ann. du Mus.*, T. XIV, p. 236.
MORREN, *Revue system.* < *Messag. d. Sc.*, 1828, p. 395.
GALEOTTI < *Mém. cour. de Bruxelles*, T. XII.
POELMAN, *Catalog. de l'univ. de Gand*, p. 105, pl. I, II.
WINKLER < *Arch. du Mus. Teyl.*, T. II, p. 129, pl. XXVI, fig. 70; pl. XXVII, fig. 71; pl. XXVIII, fig. 72.

du bruxellien . . . . A. 29.

" 13007. **Id.** Ib. d'Etterbeck . . . . " 29.

" 13101. **Id.** Ib. . . . . " 29.

" 13102. **Id.** Ib. . . . . " 29.

Voyez :

WINKLER < *Arch. du Mus. Teyl.*, T. II, p. 130.

Échantillons originaux.

No. 8452. **Emys Parkinsoni** Gray.
Chelone longiceps Owen.
Voyez:
Cuvier, *Ossem. foss.*, T. V, part. 2, p. 234.
Owen & Bell < *Palaeont. Society*, 1849.
Gray, *Synops. rept.*, p. 33.
Pictet, *Traité de Palaeont.*, T. 1, p. 461.
Winkler < *Arch. du Mus. Teyl.*, T. II, p. 123, pl. XXIV, fig. 68; pl. XXV, fig. 69.

MAMMIFÈRES.

CÉTACÉS.

BALÉNIDES.

No. 13285. **Balaena** *sp.* Vertèbre.
du Haarlemmermeer, Hollande.................... A. 26.
" 13534. **Id.** de la Hollande septentrionale.................. " 26.
" 13535. **Id.** Ib. .... " 26.
" 13536. **Id.** Ib. .... " 26.
" 13537. **Id.** du Beemster ,Hollande...................... " 26.

PACHYDERMES.

PROBOSCIDIENS.

No. 13283. **Elephas primigenius** Blumenbach.
Défense. — d'Alem........................... A. 26.
" 13284. **Id.** Ib. .... " 26.
" 13531. **Id.** Ib. Partie de l'os zygomaticum.......... " 26.
" 13532. **Id.** Ib. Processus spinosus.................. " 26.
" 13533. **Id.** Dent molaire.
de Beekbergen, en Gueldre...................... " 26.

www.ingramcontent.com/pod-product-compliance
Ingram Content Group UK Ltd.
Pitfield, Milton Keynes, MK11 3LW, UK
UKHW020412230726
13925UKWH00004B/1380